新编21世纪高等职业教育精品教材

装备制造类

电气安装与控制技术

主　编◎赵媛媛　郭三刺

副主编◎户佩佩　王庆平　王　胜

参　编◎魏建光　李影江

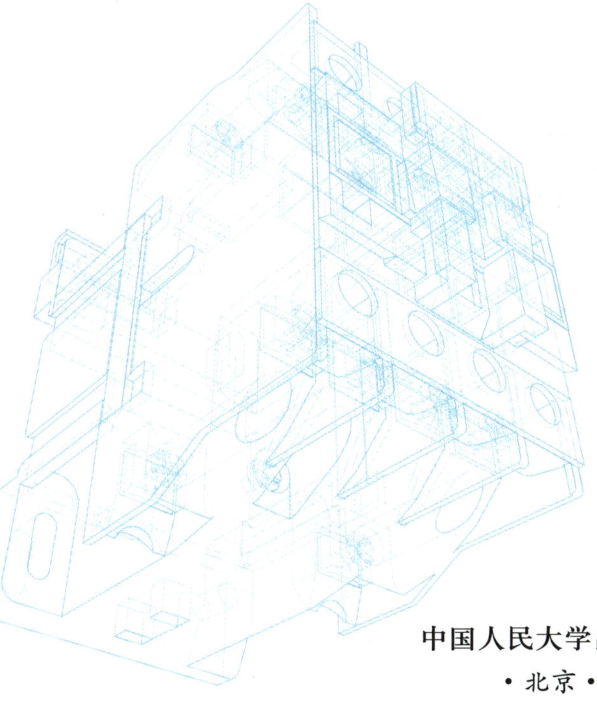

中国人民大学出版社

·北京·

前言

党的二十大报告指出，教育、科技、人才是全面建设社会主义现代化国家的基础性、战略性支撑。教育是国之大计、党之大计。职业教育是我国教育体系的重要组成部分，肩负着“为党育人、为国育才”的神圣使命。本教材以习近平新时代中国特色社会主义思想为指导，深入贯彻落实党的二十大精神，将思想道德建设与专业素质培养融为一体，着力培养爱党爱国、敬业奉献，具有工匠精神的高素质技能人才。

本教材由企业专家与学校教师联合开发，针对自动化电控设计岗位的实际需求，以焊接机、装料机和烤炉等典型设备为教学案例，教材内容涵盖电工基础、电动机控制、变频器应用等专业知识。本教材选取企业典型生产项目作为教学任务，采用任务驱动教学模式，培养学生电气图纸识读和设备调试等核心技能。同时，本教材结合模拟产线环境设计实操训练，依据企业管理标准进行综合评价，旨在培养符合岗位要求的电控技术人才。通过学习，学生可具备良好的职业素养，并对自动化电控设计岗位具有良好的认同感；正确使用元器件，装调电气设备，完成生产任务；熟练掌握焊接机、装料机和烤炉等设备的装调；掌握自动化电控设计生产作业劳动安全技能。

本教材得到了河南省职业教育机电一体化技术专业教学资源库的资助。具体编写分工为：企业工程师李影江负责典型案例分析、设备的操作运行、所需知识点和技能点的梳理，王庆平老师负责任务一的编写、资源的制作，户佩佩老师负责任务二的编写、课件及资源的制作，赵媛媛老师负责任务三的编写，魏建光老师负责任务四的编写，王胜老师负责课件及资源的制作，郭三刺老师负责课程的整体设计及课件和资源的制作。

由于时间仓促，加之编者水平有限，教材中难免存在疏漏之处，恳请广大读者批评指正。

编者

目 录

任务一

装调焊接机电源

学习目标

知识目标

- 了解直流电、交流电的特点。
- 熟悉直流开关电源、三相交流电的接线。
- 掌握低压元器件的使用。

能力目标

- 具备对具体任务的分析和解读能力。
- 具备根据分析结果进行任务实施的能力。
- 具备对调试情况的纠错能力。

素质目标

- 实操过程中遵守电气安全规程，强化规范意识，树立安全文明生产意识。
- 通过电路调试与故障排查，培养严谨细致的工作态度。
- 善于沟通，团结协作。

任务描述

现车间内需要对定制焊接机的电源安装接线，车间采用 TN－S 低压电网系统，通过漏电断路器引入电源，其控制电路为直流驱动，常用明纬（MW）D－60B 直流电源进行交直流转换，该电源输出电压为 5V 和 24V，需要该电源控制继电器及电磁阀。

请根据控制要求进行电控原理图的绘制，并进行现场接线。

此外，若直流电源无输出，请对直流电源进行故障排查：

（1）请测试直流电源熔断器的好坏。

（2）请对直流电源的整流二极管进行测试，并焊接更换。

通过本任务的学习，学生能熟悉直流稳压电源的原理、使用维护及故障排除方法，熟悉交流电的特点、供电方式及安全用电方式，学会根据负载选择合适的导线型号及颜色，了解断路器和熔断器的工作原理和选择方法等。

相关知识

一、直流稳压电源

直流电源

由于电子技术的特性，电子设备对电源电路的要求是能够提供持续稳定、满足负载要求的电能，且通常情况下都要求提供稳定的直流电能。提供这种稳定的直流电能的电源就是直流稳压电源。直流稳压电源在电源技术中占有十分重要的地位，其供电电源大都是交流电源，当交流供电电源的电压或负载电阻变化时，稳压器的直流输出电压仍保持稳定。随着电子设备向高精度、高稳定性和高可靠性的方向发展，对电子设备的供电电源提出了更高的要求。

图 1－1 所示为明纬开关电源 D－60B 的实物图和外部接线图。

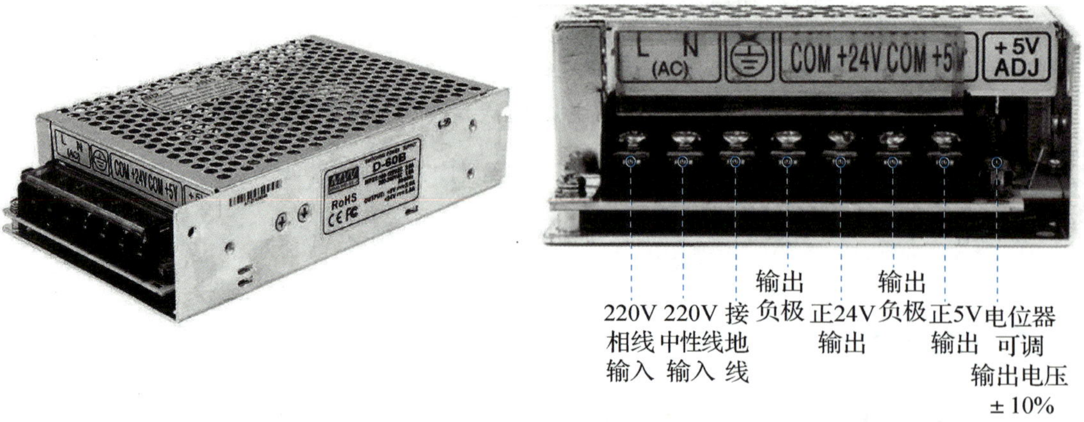

（a）实物图　　　　（b）外部接线图

图 1－1　明纬开关电源 D－60B

1. 直流稳压电源的组成

图 1-2 所示是把工频正弦交流电转换成直流电的直流稳压电源的原理框图，它一般由变压器、整流电路、滤波电路和稳压电路四部分组成。其中，变压器将正弦工频交流电源电压变换为电子设备所需要的正弦工频交流电压；整流电路利用具有单向导电性能的整流元件（晶体二极管、晶闸管），将正负交替变化的正弦交流电压变换成单向脉动直流电压；滤波电路尽可能地将单向脉动直流电压中的脉动部分（交流分量）减小，使输出电压成为比较平滑的直流电压；稳压电路采用某些措施，使输出的直流电压在电源发生波动或负载变化时保持稳定。

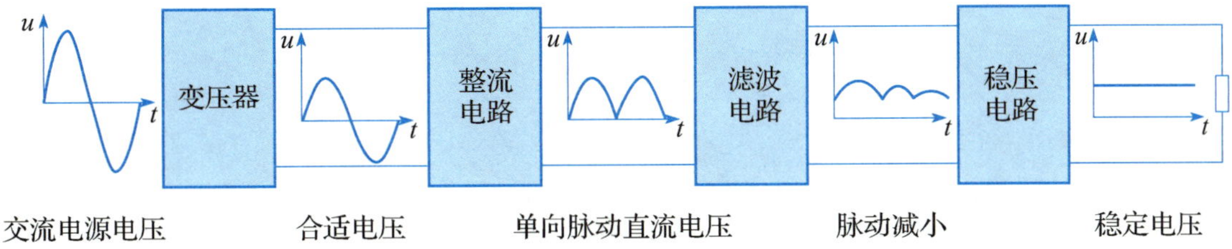

图 1-2　直流稳压电源的原理框图

2. 单相半波整流电路与单相桥式整流电路

（1）单相半波整流电路。

单相半波整流电路如图 1-3 所示，它是最简单的整流电路，由整流变压器、二极管及负载电阻组成。

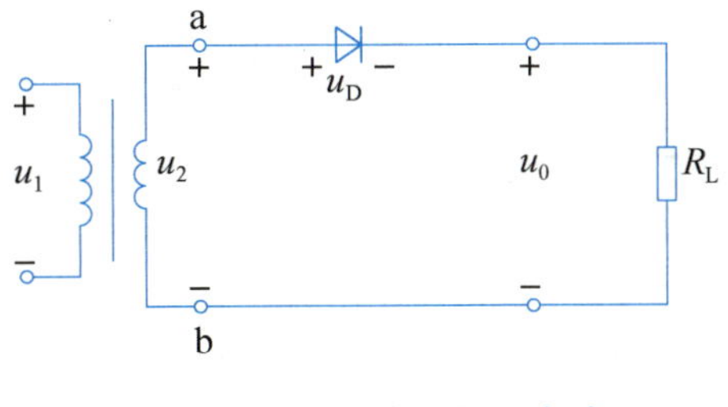

图 1-3　单相半波整流电路

设变压器二次侧的电压为 $u_2=\sqrt{2}U\sin\omega t$，波形如图 1-4 所示。由于二极管具有单向电导性，只有当它的阳极电位高于阴极电位时才能导通。在变压器二次侧电压 u_2 的正半周时，其极性为上正下负，a 点的电位高于 b 点，此时二极管因承受正向电压而导通；在变压器二次侧电压 u_2 的负半周时，其极性为上负下正，a 点的电位低于 b 点，此时二极管因承受反向电压而截止。因此，在负载电阻 R_L 上得到的是半波电压 U_0。二极管导通时正向压降很小，可以忽略不计。因此，可以认为 U_0 的正半波电压和变压器二次侧电压 u_2 的正半波电压是相同的。故负载电阻上得到的整流电压 U_0 是大小变化的单向脉动直流电压，它的大小常用一个周期的平均值来表示，公式如下：

$$U_0=\frac{1}{2\pi}\int_0^{\pi}\sqrt{2}U_2\sin\omega t\,\mathrm{d}(\omega t)=\frac{\sqrt{2}U_2}{\pi}=0.45U_2 \tag{1-1}$$

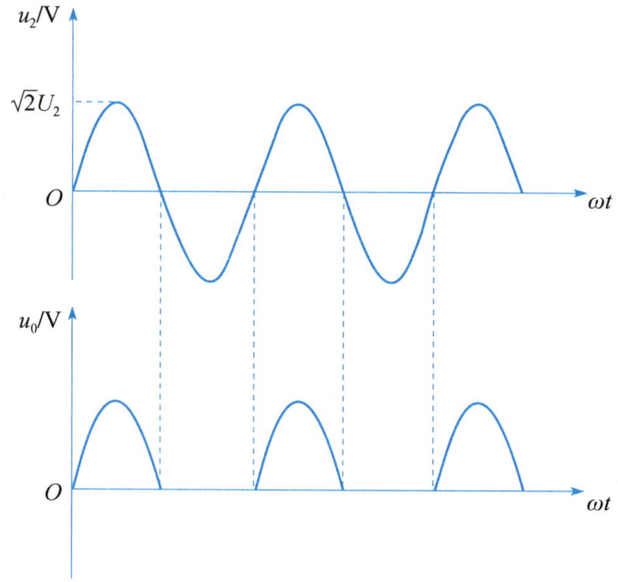

图 1-4　单相半波整流电路波形

（2）单相桥式整流电路。

单相半波整流电路使用元件少，电路简单。它的缺点是只利用了电源电压的半个周期，整流输出电压的脉动较大，变压器存在单向磁化等问题。为了克服这些缺点，多采用单相桥式整流电路。它由四个二极管接成电桥形式，图 1-5 所示为单相桥式整流电路。

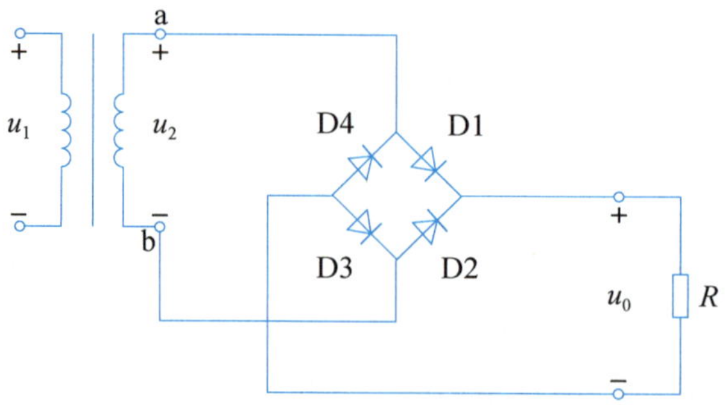

图 1-5　单相桥式整流电路

单相桥式整流电路的工作情况：设电源变压器二次侧电压 $u_2=\sqrt{2}U\sin(\omega t)$ 在 u_2 的正半周，其极性为上正下负，即 a 点电位高于 b 点电位，二极管 D1、D3 因承受正向电压而导通，D2、D4 承受反向电压而截止，电流的通路是 a→D1→R→D3→b，这时负载电阻 R 上得到一个正方向的半波电压；在 u_2 的负半周，其极性为上负下正，即 b 点电位高于 a 点电位，因此 D1、D3 截止，D2、D4 导通，电流的通路是 b→D2→R→D4→a，负载电阻 R 上同样得到一个正方向的半波电压，如图 1－6 所示。

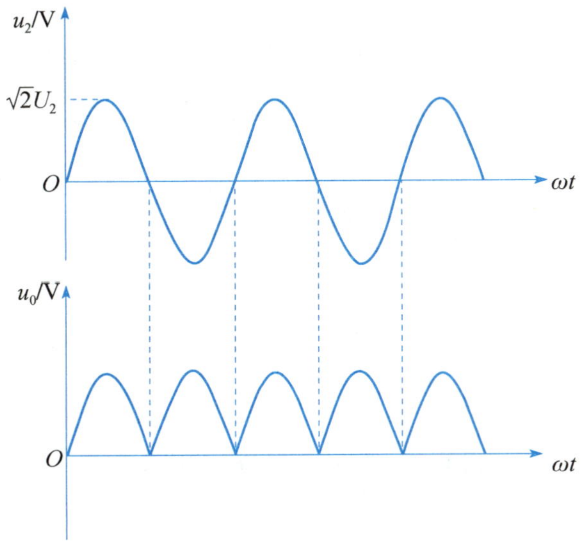

图 1－6　单相桥式整流电路波形

因此，当变压器二次侧电压 u_2 变化一个周期时，在负载电阻 R 上的电压 u_0 是单向全波脉动电压，故单相桥式整流电路的整流输出电压的平均值 U_0 比半波时增加了一倍，即

$$U_0=2\frac{\sqrt{2}U_2}{\pi}=0.9U_2 \tag{1-2}$$

3. 电容滤波电路与电感滤波电路

前面分析的各种整流电路的输出电压都是单向脉动直流电压，含有直流和交流分量，这样的直流电压作为电镀、蓄电池充电的电源是允许的，但作为大多数电子设备的电源，将会产生不良影响，甚至使它们不能正常工作。在整流电路之后，需要加接滤波电路，目的是减小输出电压中的交流分量，使之接近理想的直流电压。

滤波电路分为电容滤波电路和电感滤波电路两种：在电容滤波电路中，电容直流阻抗大，交流阻抗小，与负载并联；在电感滤波电路中，电感直流阻抗小，交流阻抗大，与负载串联。

（1）电容滤波电路。

以单相桥式整流电容滤波电路为例，如图 1－7 所示。在单相桥式整流电路与负载电阻之间并联一个滤波电容，输出电压 u_2 向负载供电时，也向电容供电。当充电电压达到最大值$\sqrt{2}U_2$ 时，负载两端电压 u_0 也达到最大值。接着 u_2 下降，电容开始向负载放电，直至下一个整流电压的到来。当 u_2 大于电容两端电压时，电容又开始充电，随着电容不断地充电、放电，负载两端电压脉冲减小，平均值提高。只要选择合适的电容和负载，就可以得到良好的滤波效果。单相桥式整流电容滤波电路波形如图 1－8 所示。

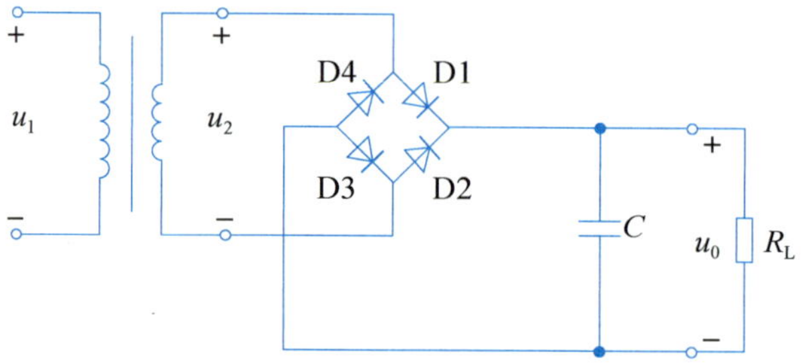

图 1－7　单相桥式整流电容滤波电路

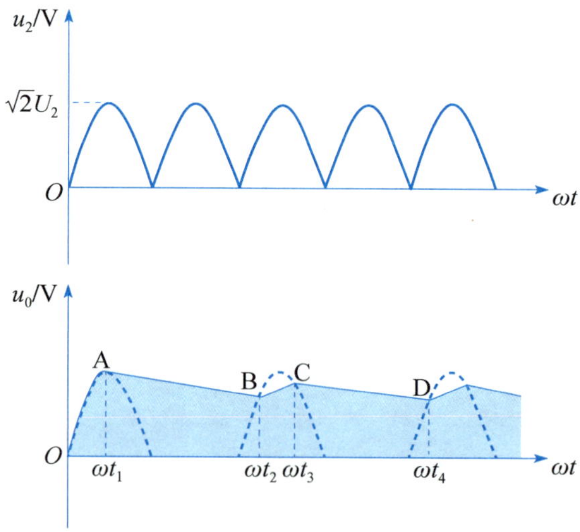

图 1－8　单相桥式整流电容滤波电路波形

（2）电感滤波电路（见图 1－9）。

利用储能元件电感 L 中电流不能突变的特点，在桥式整流电路的输出回路中串联一个足够大的电感，可以使输出电压波形较为平滑。从电感的阻抗特性可知，电感的直

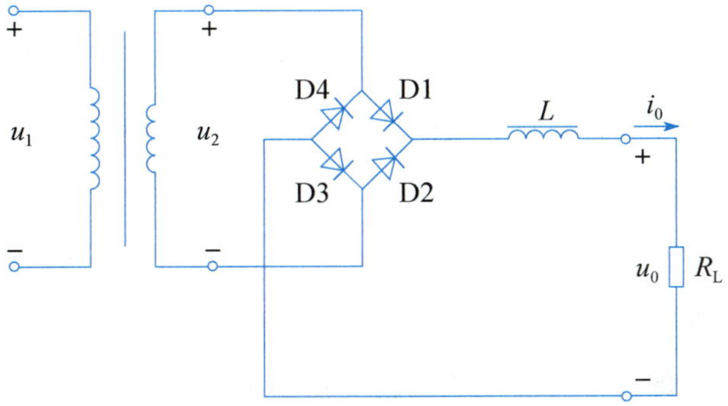

图 1-9 电感滤波电路

流阻抗小，交流阻抗大，所以输出电压大多数的脉动成分落在电感上，直流成分损失较小，因此会有较好的滤波效果。电感滤波电路适用于大电流且负载变动大的场合。

4. 稳压二极管稳压电路

经整流和滤波后的电压往往会随交流电源电压的波动和负载的变化而变化。电压不稳定有时会导致测量和计算误差的产生，使控制装置工作不稳定，甚至无法正常工作。最简单的直流稳压电路是采用稳压二极管来稳定电压的。如图 1-10 所示，经过桥式整流电路和电容滤波电路，再经过限流电阻 R 和稳压二极管 DZ，最后接到负载电阻 R_L 上，这样，负载上得到的就是一个比较稳定的电压。需注意，稳压二极管工作于反向击穿区。下面简单分析其电路工作原理。

直流稳压电源及仿真模拟

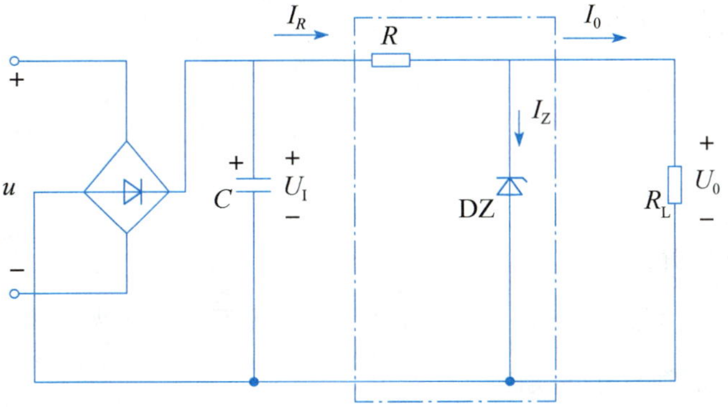

图 1-10 稳压二极管稳压电路

(1) 负载电阻 R_L 不变、交流电源电压波动时的稳压情况。

当负载电阻不变，交流电源电压增加时，整流输出电压 U_I 随之增加，负载电压 U_0

也将增加，U_0 即为稳压二极管两端的反向电压。由稳压二极管的伏安特性可知，当两端电压稍有增加时，稳压二极管的电流 I_Z 会显著增加，因此电阻 R 的电流 I_R 增大，电压降 $I_R R$ 增加，以抵偿 U_I 的增加，从而使负载电压 U_0 近似不变。相反，当交流电压减小而使 U_I 减小时，负载电压 U_0 也将减小，稳压二极管电流 I_Z 显著减小，电阻 R 的电流 I_R 减小，电压降 $I_R R$ 也减小，仍然使负载电压 U_0 近似不变。

（2）电源电压不变、负载电流变化时的稳压情况。

同理，当电源电压保持不变而负载电流变化引起负载电压 U_0 改变时，稳压电路仍能起到稳压的作用。当负载电流 I_0 增大时，电阻 R 的电流 I_R 和电压降 $I_R R$ 增大，负载电压 U_0 因而下降。只要 U_0 下降一点，稳压二极管电流 I_Z 就显著减小，电阻 R 的电流 I_R 和电压降 $I_R R$ 随之减小，从而使负载电压 U_0 回升并近似稳定不变。当负载电流减小时，稳压过程相反。

二、直流电源常见故障与检修方法

1. 故障一：无输出电压

无输出电压，即输出电压为 0V。可以从电路输入端分析到输出端，如果电路存在以下几种情况中的任意一种，均会无输出电压：

（1）电源线和输出导线故障或接触不良。

（2）熔断器熔断或开路。

（3）变压器开路。

（4）桥式整流电路开路。

（5）电容短路。

（6）电阻开路。

（7）三极管开路。

（8）稳压二极管开路。

如何判断到底是由哪一种原因造成的呢？可以按下列步骤来检测，如发现故障则进行维修，若故障排除则不再继续进行下一步。

第一步：观察电源线和输出导线的插接器和接口处是否松动，查看线体是否损坏，用万用表测量接口处电压是否与插接器上的电压一致，分别测其通断，如有故障直接手动调节或更换导线。

第二步：取出熔断器，查看其是否熔断，或是否存在接触不良的现象。如果熔断器熔断，及时更换相应参数的熔断器。

第三步：打开机盖，观察是否有元件烧坏或导线断开，电路板是否有虚焊、脱焊等断路现象。如无直观故障，则利用万用表进一步检测各单元间的通断，发现故障后要更换元件或将断路处重新焊接或接线。

无输出电压故障的排查过程如图 1-11 所示。

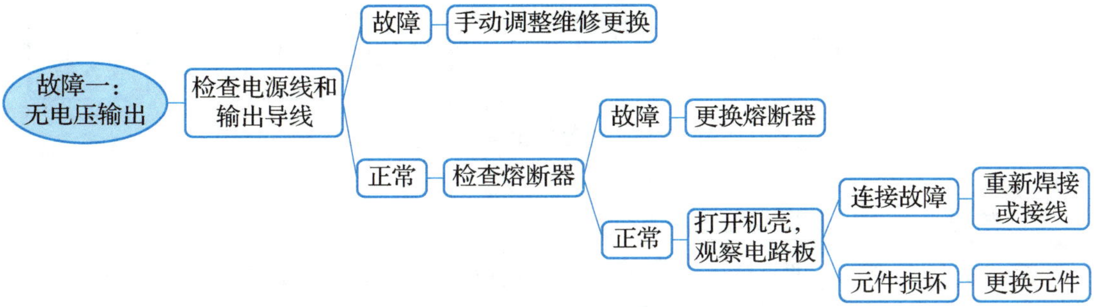

图 1-11　故障一排查思维导图

2. 故障二：输出电压不准确

输出电压不准确，即电压高于或低于正常电压，且不可调。电压输出不准确时，可以利用万用表或示波器对各单元电路的性能进行带电检测，如发现问题可对各单元电路中的独立元件分别进行带电或不带电检测。

常见故障主要有以下几种：

（1）降压单元故障。

（2）电压调整电路单元故障。

（3）稳压单元故障。

（4）输出电压幅度调节单元故障。

按下列步骤来检测：

第一步：测量变压器输出端电压值是否在规定范围内。如有故障，需更换变压器后再进行测试。

第二步：测量电压调整电路输出端的电压是否准确。如有故障，需进一步检测调整管等相关元件，确定故障元件，主要检测该单元内部相应的二极管、三极管是否被击穿。

第三步：测量稳压单元输出端的电压，检测该单元是否起到了稳压作用。如有故障，需更换稳压芯片及其外围元件后再进行测试。

第四步：测量输出电压幅度调节单元在调整过程中电压是否进行有规律的变化。如有故障，需要更换调压电位器后再进行测试。

输出电压不准确故障的排查过程如图 1－12 所示。

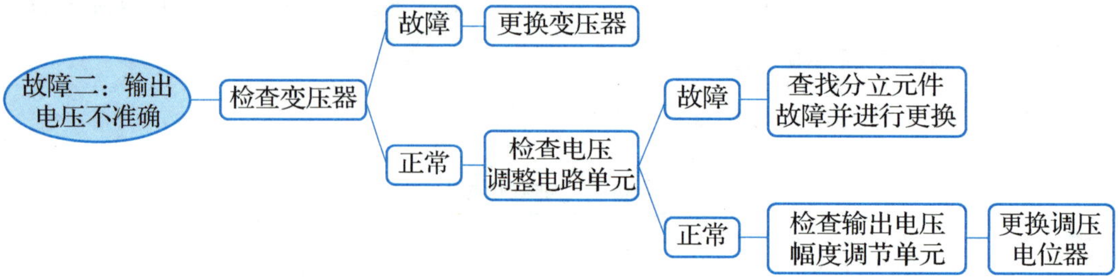

图 1－12　故障二排查思维导图

3. 故障三：输出电压不稳定

输出电压不稳定，即电压有波动或含有纹波电压。出现该现象时应重点检查是否存在以下故障：

（1）电源电压不稳定。

（2）整流单元故障。

（3）滤波单元故障。

（4）稳压单元故障。

应按以下步骤进行排查：

第一步：应仔细检查交流电源电压是否太低。如否，应检查桥式整流电路中是否有断路或个别二极管短路而导致全波整流变成半波整流的情况。

第二步：纹波电压较大，则应检查滤波电容是否有断路、漏电、漏液、鼓泡等导致的电容容量减小或失效的现象。

第三步：电压不稳定时，可能是稳压二极管稳压性能变差。稳压二极管的作用是为比较放大器提供稳定的基准电压，这一电压应保持不变，但当稳压二极管性能变差时，输入比较放大器同相端的电位将发生变化，经比较放大后输送给调整管基极的信号就不再是真实的取样信号，从而使电压稳定度降低。

输出电压不稳定故障的排查过程如图 1－13 所示。

4. 二极管和三极管的测试方法

（1）二极管的测试方法。

常用的检测仪器有数字万用表、指针式万用表、LCR 测试仪和晶体管图示仪（可以测二极管、三极管的具体放大倍数和曲线）。

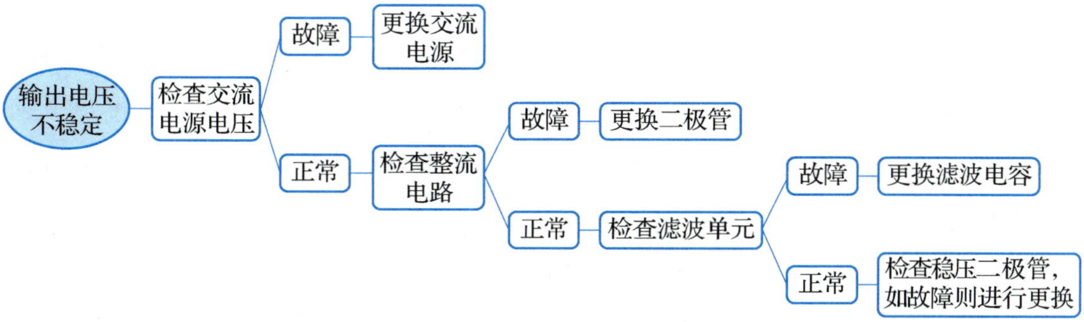

图 1-13　故障三排查思维导图

普通二极管的检测：二极管是一个由 PN 结构成的半导体器件，具有单向电导性，利用其正向阻值小、反向阻值大的特性可以判别出二极管的电极。正、反向电阻值相差越悬殊，说明二极管的单向电导特性越好。若测得二极管的正、反向电阻值均接近 0 或阻值较小，则说明该二极管内部已击穿短路或漏电损坏；若测得二极管的正、反向电阻值均为无穷大，则说明该二极管已开路损坏。

以数字万用表为例，进行二极管的检测。数字万用表选择二极管测量挡位。

发光二极管：观测时，长引脚为正，短引脚为负。若两个引脚被修剪齐平或无法从外观判断，需要借用数字万用表来检测。将数字万用表调节至二极管挡位，红、黑表笔各接一端，若 LED 发光且显示读数（正向压降，通常为 1.8～3.3V），则红表笔接的引脚为正极，黑表笔接的引脚为负极。若反接，万用表显示“OL”或“1”（超量程），LED 不亮。若双向测量均不亮，说明发光二极管已损坏。

稳压二极管：观测时，有黑色圈的一端为负。若无法从外观判断，需要借用数字万用表来检测。检测时，若有示数，则红表笔所测端为正极，黑表笔所测端为负极；若没有，则反过来再测一次；如果两次测量都没有示数，表示此稳压二极管已经损坏。

整流二极管：观测时，有白色圈的一端为负。若无法从外观判断，需要借用数字万用表来检测。检测时，若有示数，则红表笔所测端为正极，黑表笔所测端为负极；若没有，则反过来再测一次；如果两次测量都没有示数，表示此整流二极管已经损坏。

（2）三极管的测试方法。

下面以数字万用表为例，进行三极管的检测。

1）确定基极 B。数字万用表选择二极管测量挡位，选取一个引脚，使用红表笔接触该引脚，黑表笔接触剩余两个引脚中的一个。如果数字万用表显示导通，则红表笔接触的引脚可能是基极 B。重复此过程，如果在两次测量中都能得到导通的读数，则可以确认该引脚为基极 B。

2）判断三极管类型（NPN 型或 PNP 型），可以通过观察红表笔和黑表笔接触基极时的读数来判断三极管的类型。当红表笔接触基极时显示导通，读数为 0.5～0.7V，而黑表笔接触基极时不导通，则为 NPN 型。反之，当黑表笔接触基极时显示导通，而红表笔接触基极时不导通，则为 PNP 型。

3）确定集电极 C 和发射极 E。对于 NPN 型三极管，将万用表调至“MΩ”挡位，红表笔接假设的集电极，黑表笔接假设的发射极，并用手握住基极和集电极，以人体充当偏置电阻。如果读数较小，则假设正确。反之，如果读数较大或不导通，则需要交换红、黑表笔的位置重新测量。对于 PNP 型三极管，步骤相同，只是红、黑表笔的接线位置相反。也可采用 hFE 挡，直接测量放大倍数，这样的结果更明确；或采用二极管挡，利用 PN 结压降差（B－C 压降差略高于 B－E 压降差）进行判断。

正弦交流电的基本知识

三、单相正弦交流电路

日常生活及工农业生产中，单相正弦交流电路随处可见。例如，照明设备、冰箱、洗衣机等电气设备的电路，都是单相正弦交流电路。那么，正弦交流电路与直流电路有什么不同？分析直流电路的各种定律和定理是否也能应用于正弦交流电路？

稳恒直流电的大小和方向均不随时间变化；脉动直流电的大小随时间变化，但方向不随时间变化；交流电的大小和方向都是随时间变化的；正弦交流电的大小和方向随时间按正弦规律变化。在进行正弦交流电路分析时，部分用于分析直流电路的定律和定理仍可使用。而正弦交流电路中通常含有电容器、电感器等器件，它们的伏安关系呈微分特性，所以用于电路求解的方程式通常是微分方程。而求解微分方程比求解代数方程困难得多。由于正弦交流电路的特殊性，可以采用相量将微分方程转化为代数方程求解。

1. 正弦量的三要素

在正弦交流电路中，电压和电流的大小随时间按正弦规律变化。按正弦规律作周期性变化的电压、电流分别为正弦交流电压、正弦交流电流。

图 1－14 所示为一段正弦交流电路，电流 i 在图示参考方向下，其数学表达式为

$$i=I_{\mathrm{m}}\sin(\omega t+\varphi_i) \tag{1-3}$$

式中，I_{m} 为交流电流的振幅（也称为峰值或最大值）；ω 为正弦交流电流的角频

率，单位为弧度/秒（rad/s），它表征正弦交流电流每秒内变化的电角度；φ_i 为正弦交流电流的初相位或初相，单位为弧度（rad）或度（°），它表示初始时刻（$t=0$）正弦交流电流所处的电角度。正弦量的变化取决于以上三个参数。振幅、角频率、初相这三个参数称为正弦量的三要素。

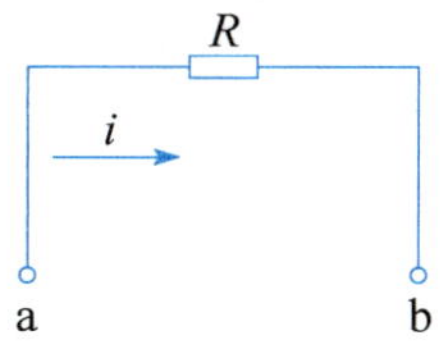

图 1-14　正弦交流电路

2. 正弦交流电的基本参数

（1）周期与频率。

正弦交流电完成一次循环变化所用的时间称为周期，用 T 表示，单位为秒（s）。每秒内变化的次数称为频率，用 f 表示，单位是赫兹（Hz）。我国采用 50Hz 作为电力标准频率，又称为工频。频率和周期互为倒数。

$$f=\frac{1}{T} \tag{1-4}$$

角频率与频率之间的关系为

$$\omega=2\pi f \tag{1-5}$$

式中，ω 为正弦电流 i 的角频率，单位是弧度/秒（rad/s）。

（2）振幅与有效值。

正弦量的大小随时间周期性地变化，最大幅值称为振幅，也称为最大值，一般用 U_m、I_m 表示。分析正弦量的有效值，一般用大写字母 I、U 表示。设有两个相同的电阻 R，其中一个电阻通以周期电流 i，另一个电阻通以直流电流 I，在一个周期内电阻消耗的电能分别为

$$\begin{aligned} W_{周} &= \int_0^T Ri^2 \mathrm{d}t \\ W_{直} &= RI^2 T \end{aligned} \tag{1-6}$$

令消耗的电能相等，则

$$RI^2T=\int_0^T Ri^2\mathrm{d}t$$

$$I=\sqrt{\frac{1}{T}\int_0^T i^2\mathrm{d}t} \tag{1-7}$$

式（1－7）适用于周期性变化的量，但不能用于非周期量。经推导，有

$$I_\mathrm{m}=\sqrt{2}I$$

$$U_\mathrm{m}=\sqrt{2}U$$

得到正弦量最大值（振幅）是有效值的$\sqrt{2}$倍。

（3）相位和相位差。

正弦交流电流一般表示为 $i=I_\mathrm{m}\sin(\omega t+\varphi_i)$，式中 $\omega t+\varphi_i$ 称为相位。当 $t=0$ 时，φ_i 称为初相。

假定两个同频率的正弦量 u、i，则

$$\begin{aligned}u&=U_\mathrm{m}\sin(\omega t+\varphi_u)\\ i&=I_\mathrm{m}\sin(\omega t+\varphi_i)\end{aligned} \tag{1-8}$$

它们的相位差为

$$\varphi=(\omega t+\varphi_u)-(\omega t+\varphi_i)=\varphi_u-\varphi_i \tag{1-9}$$

式（1－9）表明，相位差与计时起点无关，是一个定数。相位差只存在于同频率正弦量之间，否则无比较意义。相位关系图如图 1－15 所示。

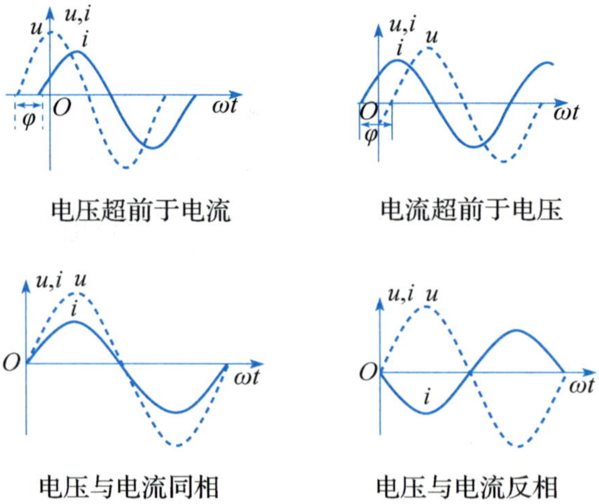

图 1－15　相位关系图

讨论两个正弦量的相位关系：

当 $\varphi>0$ 时，表示电压 u 的相位超前电流 i 的相位一个角度，简称电压 u 超前电流 i。

当 $\varphi=0$ 时，电压 u 和电流 i 同相。

当 $\varphi=180°$时，电压 u 和电流 i 反相。

3. 正弦量的相量表示法

正弦量可以用相量来表示，相量表示法的基础是复数，即用复数来表示正弦量。一个复数由模和幅角两个要素来确定，正弦量由振幅、初相和角频率三个特征来确定。在分析线性电路时，正弦激励和响应均为同角频率的正弦量，角频率已知，可不必考虑。因此，线性电路的正弦量由振幅（或有效值）和初相来确定。

相量的表示方法把正弦电路复杂的运算转换成代数运算，使运算简化。相量可以用大写字母上加一点表示。例如，$\dot{U}$、$\dot{I}$ 表示电压和电流的有效值相量，$\dot{U}_{\mathrm{m}}$、$\dot{I}_{\mathrm{m}}$ 表示电压和电流的振幅相量。相量还可以用代数式、三角函数式、指数式、极坐标式等形式来表示。

（1）代数式。

以电压有效值相量为例：

$$\dot{U}=U_R+\mathrm{j}U_X \tag{1-10}$$

式中，j 是复数的虚数单位，即 $\mathrm{j}=\sqrt{-1}$。

（2）三角函数式。

令正弦交流电压 u 的有效值对应相量的模 $|U|$，初相对应相量的幅角 φ，则

$$\dot{U}=|U|(\cos\varphi+\mathrm{j}\sin\varphi)=U_R+\mathrm{j}U_X \tag{1-11}$$

式中，$|U|=\sqrt{U_R^2+U_X^2}$；$\varphi=\arctan\dfrac{U_X}{U_R}$。

（3）指数式。

根据欧拉公式 $\mathrm{e}^{\mathrm{j}\varphi}=\cos\varphi+\mathrm{j}\sin\varphi$，可得到指数式

$$\dot{U}=|U|\mathrm{e}^{\mathrm{j}\varphi} \tag{1-12}$$

（4）极坐标式。

$$\dot{U}=|U|\angle\varphi \tag{1-13}$$

以上讨论的相量的四种表示形式可以相互转换。一般情况下，相量的加减运算用代

数式进行。

设有相量

$$\dot{U}_1=U_{R1}+jU_{X1},\dot{U}_2=U_{R2}+jU_{X2}$$

则

$$\dot{U}_1\pm\dot{U}_2=(U_{R1}\pm U_{R2})+j(U_{X1}\pm U_{X2}) \tag{1-14}$$

一般情况下，相量的乘除运算用指数式或极坐标式进行。

设有相量

$$\dot{U}_1=|U_1|e^{j\varphi_1},\dot{U}_2=|U_2|e^{j\varphi_2}$$

则

$$\dot{U}_1\cdot\dot{U}_2=|U_1|\angle\varphi_1\cdot|U_2|\angle\varphi_2=|U_1|\cdot|U_2|\angle(\varphi_1+\varphi_2) \tag{1-15}$$

$$\frac{\dot{U}_1}{\dot{U}_2}=\frac{|U_1|\angle\varphi_1}{|U_2|\angle\varphi_2}=\frac{|U_1|}{|U_2|}\angle(\varphi_1-\varphi_2) \tag{1-16}$$

4. 单一元件的正弦交流电路

在正弦交流电路中，电阻、电感、电容是基本电气元件，分析由这三个单一元件组成的正弦交流电路具有普遍意义。

（1）纯电阻电路。

电阻元件的交流电路是最简单的交流电路，它由交流电源和电阻元件组成，如图 1－16 所示。在日常生活和工作中接触到的白炽灯、电炉、电烙铁等，都属于电阻性负载，它们与交流电源一起组成电阻电路（电阻可以是元件也可以是设备，属于耗能元件）。

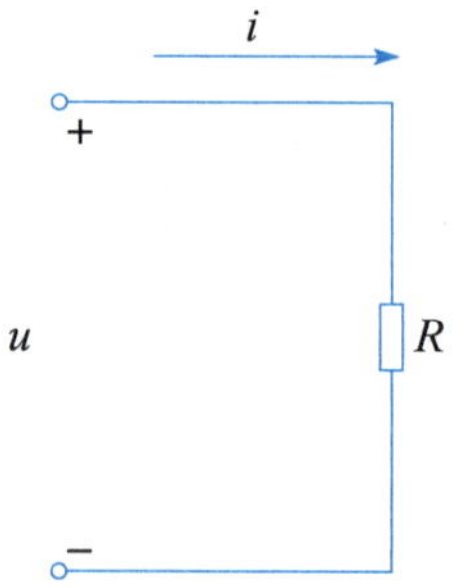

图 1－16　电阻元件的交流电路

1）电流与电压间的关系。

当电阻元件两端接上正弦交流电压时，电阻中就有正弦交流电流通过，并且电阻上电压与电流的关系服从欧姆定律，即 $u=Ri$。

设通过电阻的正弦交流电流为

$$i=I_m\sin\omega t=\sqrt{2}I\sin\omega t \tag{1-17}$$

则

$$u=Ri=RI_m\sin\omega t=\sqrt{2}RI\sin\omega t=\sqrt{2}U\sin\omega t=U_m\text{sim}\omega t \tag{1-18}$$

比较电压与电流可得：

①电阻元件上的电压与电流的频率相同。

②相位关系：电压与电流的相位相同。

③数值关系：电压和电流的最大值或有效值之间符合欧姆定律。

2）功率：纯电阻在交流电路中消耗的是有功功率。

①瞬时功率：在交流电路中，电路元件上的瞬时电压与瞬时电流之积为该元件的瞬时功率，用小写字母 p 表示，单位为瓦特（W）。

$$\begin{aligned}p=ui&=U_m\sin\omega t\cdot I_m\sin\omega t=U_mI_m\sin^2\omega t=\frac{U_mI_m}{2}\cdot(1-\cos2\omega t)\\&=UI(1-\cos2\omega t)\end{aligned} \tag{1-19}$$

②有功功率：通常把电阻在交流电路中一个周期内消耗的功率平均值定义为平均功率，又称为有功功率。用大写字母 P 表示，单位为瓦特（W）。电压、电流用有效值表示时，有功功率 P 的计算与直流电路相同。

$$P=UI=I^2R=\frac{U^2}{R} \tag{1-20}$$

（2）纯电感电路。

在电工和电子技术中，常常用到由导线绕制而成的绕组，如变压器绕组、荧光灯整流器绕组、收音机天线绕组，以及用于镇流、滤波、调谐、耦合等的绕组。这些绕组称为电感绕组，也称为电感器。

1）电感元件上电压和电流的关系。

设一电感 L 中通入正弦电流，其参考方向如图 1-17（a）所示。

当通过电感的电流为 $i=I_m\sin\omega t$ 时，电感两端的电压为

$$u=L\frac{\mathrm{d}i}{\mathrm{d}t}=\omega LI_m\cos\omega t=U_m\sin(\omega t+90°) \tag{1-21}$$

式（1－21）表明，电感电路中电流 i 与两端电压 u 之间的关系如下：

①频率关系：电感元件上的电压与电流的频率相同。

②相位关系：电压在相位上超前电流 90°，或者说电流在相位上滞后电压 90°，如图 1－17（b）所示。旋转矢量图如图 1－17（c）所示。

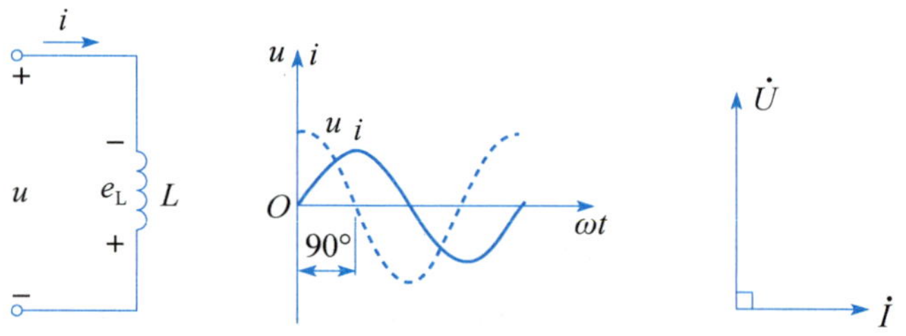

（a）电路图　（b）波形图　（c）旋转矢量图

图 1－17　电感元件的交流电路

③数量关系：电压和电流的最大值或有效值之间的关系仍符合欧姆定律。

2）电感元件的感抗 X_L。

电感元件的感抗 X_L，简称感抗，单位为欧姆（Ω），它表明电感对交流电流起阻碍作用。感抗 X_L 与电源频率 f、电感参数 L 成正比，即

$$X_L=2\pi fL \tag{1-22}$$

电感参数 L 不变，电源频率越高，感抗越大，对电流的阻碍作用越大。在极端情况下，如果频率非常高且 $f\to\infty$，则 $X_L\to\infty$，此时电感相当于开路。如果 $f=0$，则 $X_L=0$，此时电感相当于短路。电感元件这种“通直流、阻交流，通低频、阻高频”的性质，在电子技术中被广泛应用于滤波、高频扼流等方面。

3）电感元件的功率。

电感元件是一种储能元件，不是耗能元件，在电路中将电感的磁能与电源的电能进行能量互换，且不消耗有功功率，即电感元件的有功功率为零。

互换能量的大小通常用其瞬时功率的最大值来衡量。由于这部分功率没有消耗掉，称为无功功率，用 Q_L 表示，单位为乏（Var）。

$$Q_L=U_L I=I^2 X_L=\frac{U_L^2}{X_L} \tag{1-23}$$

注意："无功"的含义是"交换"而不是"消耗"，它是相对"有功"而言的，不能理解为"无用"。

（3）纯电容电路。

在电子技术中，常用电容器来实现调谐、滤波、耦合、移相、隔直、旁路、选频等功能，在电力系统中，利用它来改善系统的功率因数，以减少电能的损失和提高电气设备的利用率。在机械加工工艺中，可以用来进行电火花加工。

1）电容元件上电压和电流的关系。

电容元件的交流电路图如图 1－18（a）所示，当电容两端的电压为 $u=U_{\mathrm{m}}\sin\omega t$ 时，电流为

$$i=C\frac{\mathrm{d}u}{\mathrm{d}t}=\omega CU_{\mathrm{m}}\cos\omega t=\omega CU_{\mathrm{m}}\cdot\sin(\omega t+90^\circ)=I_{\mathrm{m}}\sin(\omega t+90^\circ) \tag{1-24}$$

式中，$I_{\mathrm{m}}=\omega CU_{\mathrm{m}}$，$\dfrac{U_{\mathrm{m}}}{I_{\mathrm{m}}}=\dfrac{U}{I}=\dfrac{1}{\omega C}$。

由上式表明电容电路中电流 i 与两端电压 u 之间的关系为：

①频率关系：电容两端的电压与电流同频率。

②相位关系：电容两端的电压在相位上滞后电流 90°或者说电流超前电压 90°，如图 1－18（b）所示。旋转矢量图如图 1－18（c）所示。

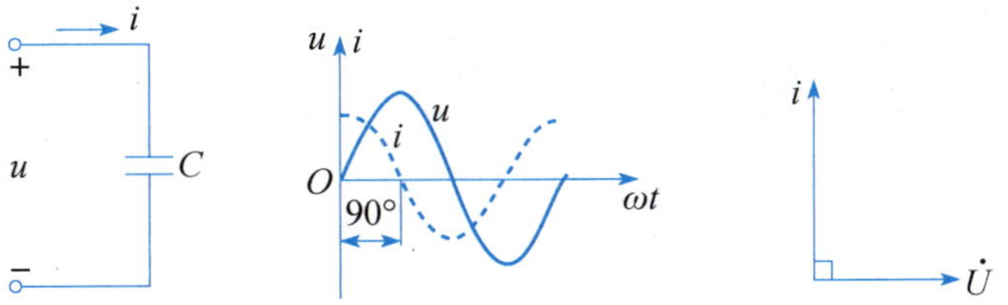

（a）电路图　　（b）波形图　　（c）旋转矢量图

图 1－18　电容元件的交流电路

③数量关系：电压和电流的最大值或有效值之间的关系仍符合欧姆定律。

2）电容元件的容抗 X_C。

电容容抗 X_C，简称容抗，公式表达为

$$X_C=\frac{1}{2\pi fC} \tag{1-25}$$

容抗的单位为欧姆（Ω），它表明电容对交流电流起阻碍作用。容抗 X_C 与电源频率 f 成反比，在电容 C 不变的条件下，电源频率越高，容抗越小，对电流的阻碍作用越小。在极端情况下，如果 $f \to \infty$，则 $X_C \to 0$，此时电容相当于短路。如果直流 $f \to 0$，$X_C \to \infty$，此时电容相当于开路。电容元件这种“通交流、隔直流，通高频、阻低频”的性质，在电子技术中被广泛应用于旁路、隔直、滤波等方面。

3）电容元件的功率。

电容也是一个储能元件，不是耗能元件，只进行电源电能和电容电能之间的交换，其交换功率的大小为无功功率 $Q_C = I^2 X_C$。

根据分析可知，电容电路中电压与电流之间的关系及功率特性，与电感电路中相应的内容十分相似，现通过列表的方式加以说明，见表 1－1。

表 1－1　电感电路与电容电路的比较

内容	电感元件交流电路	电容元件交流电路
伏安关系	$u = L\frac{\mathrm{d}i}{\mathrm{d}t}$	$i = C\frac{\mathrm{d}u}{\mathrm{d}t}$
电流	$i = I_m \sin\omega t$	$i = I_m \sin(\omega t + 90°)$
电压	$u = U_m \sin(\omega t + 90°)$	$u = U_m \sin\omega t$
相位关系	$\varphi_u = \varphi_i + 90°$	$\varphi_i = \varphi_u + 90°$
电抗	$X_L = \omega L = 2\pi f L$	$X_C = \frac{1}{\omega C} = \frac{1}{2\pi f C}$
瞬时功率	$p = UI\sin 2\omega t$	$p = UI\sin 2\omega t$
有功功率	$P = 0$	$P = 0$
无功功率	$Q_L = UI = I^2 X_L$	$Q_C = UI = I^2 X_C$

四、三相正弦交流电路

在现代电力系统中，从电能的产生、输送、分配到应用几乎都采用三相正弦交流电路。三相正弦交流电路是指由三个频率相同、振幅相等、相位互差 120°的正弦交流电源所组成的三相电路系统，简称为三相交流电路。

三相交流电路之所以获得广泛应用，是因为与单相交流电路相比，它具有下列优点：

在发电设备上，三相交流发电机比同容量的单相交流发电机节省材料，且体积小，有利于制造大容量机组。

在电能输送上，三相供电比单相供电节省有色金属，从而降低了成本。

在用户使用上，可以广泛地使用三相异步电动机，它比单相电动机结构简单、价格低廉、运行可靠、维护方便。

1. 三相电源

三相电源电压由三相发电机产生。对称三相电源是由三个频率相同、振幅相等、初相依次相差 120°的正弦电压，按一定方式（星形或三角形）联结的供电系统。

三相电源的三个正弦电源首端分别为 U1、V1、W1，尾端分别为 U2、V2、W2，每一个电源称为三相电源的一相，依次为 1 相、2 相、3 相，三个相电压依次记为 u_1、u_2、u_3，有

$$
\begin{aligned}
u_1 &= U_m \sin\omega t \\
u_2 &= U_m \sin(\omega t - 120^\circ) \\
u_3 &= U_m \sin(\omega t - 240^\circ) = U_m \sin(\omega t + 120^\circ)
\end{aligned}
\tag{1-26}
$$

对称三相电源的波形图、相量图如图 1－19 所示。通过三相电源的波形图、相量图分析可知，在任何瞬时对称三相电源的电压之和为零。1 相超前 2 相，2 相超前 3 相，在电力系统中一般用黄、绿、红三种颜色来区别 1、2、3 相。1－2－3 相序称为顺序，反之为逆序。

$$
\begin{cases}
u_1 + u_2 + u_3 = 0 \\
\dot{U}_1 + \dot{U}_2 + \dot{U}_3 = 0
\end{cases}
\tag{1-27}
$$

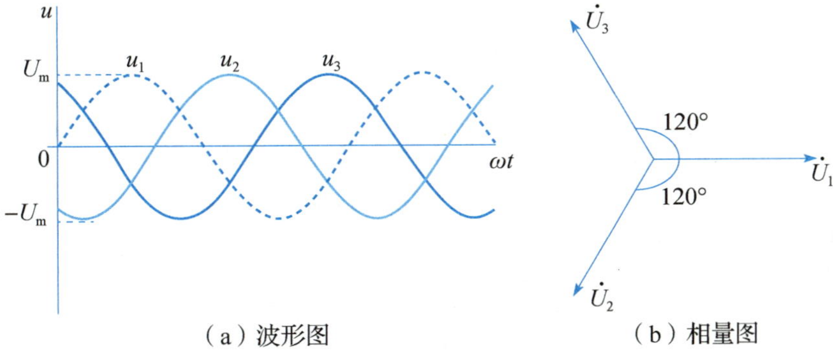

图 1－19　对称三相电源的波形图和相量图

2. 三相电源的联结

通常把对称的三相电源联结成星形（Y）或三角形（△）两种形式。

(1) 星形联结。

若将三相电源的尾端 U2、V2、W2 连在一起，分别从三相电源的首端 U1、V1、W1

引出三条导线（输电线），三相电源的这种联结方式称为星形联结。这三条导线称为相线，俗称火线，分别用 L1、L2、L3 表示；U2、V2、W2 的联结点称为中性点，从中性点引出的导线称为中性线（俗称零线），用 N 表示，如图 1－20 所示。每相上的电压 U_1、U_2、U_3 方向从首端指向尾端，称为相电压；端线之间的电压 U_{12}、U_{23}、U_{31} 称为线电压。

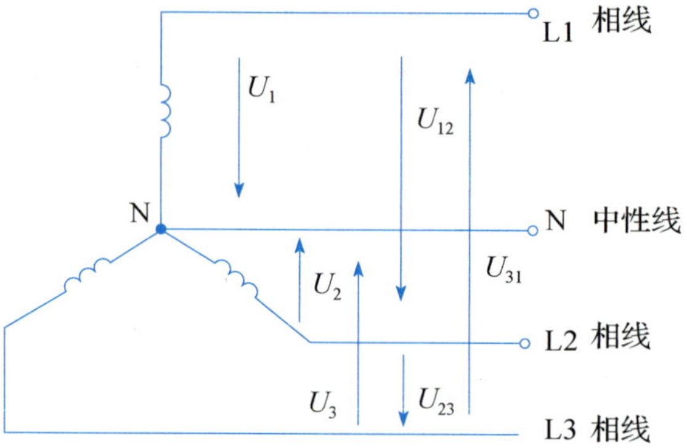

图 1－20　三相电源的星形联结

线电压与相电压有如下关系式：

$$\begin{cases}\dot{U}_{12}=\dot{U}_1-\dot{U}_2\\ \dot{U}_{23}=\dot{U}_2-\dot{U}_3\\ \dot{U}_{31}=\dot{U}_3-\dot{U}_1\end{cases} \tag{1-28}$$

可见相电压对称，线电压也对称。图 1－21 所示为线电压与相电压之间的关系，从图中可得

$$\begin{cases}\dot{U}_{12}=\sqrt{3}U_1\angle 30^\circ\\ \dot{U}_{23}=\sqrt{3}U_2\angle 30^\circ\\ \dot{U}_{31}=\sqrt{3}U_3\angle 30^\circ\end{cases} \tag{1-29}$$

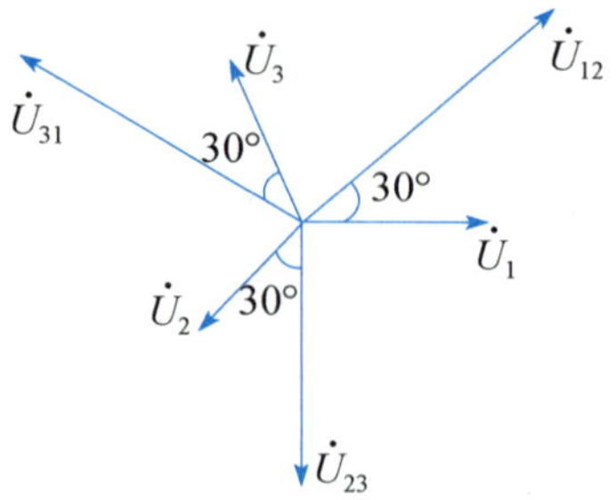

图 1－21　线电压与相电压之间的关系

即在对称三相电源的星形联结中，线电压 U_L 是相电压 U_P 的$\sqrt{3}$倍，线电压超前对应的相电压 30°，线电压和相电压在大小上的关系为 $U_L=\sqrt{3}U_P$。

（2）三角形联结。

除了星形联结，还可以将电源的三相绕组一相尾端与相应另一相的首端依次相连，接成三角形，并从联结点引出三条相线 L1、L2、L3 给用户供电，如图 1－22 所示。每相的首尾端（正负端）不能接错，如果接错，会引起环流，损坏电源。在三角形联结中，线电压等于电源的相电压。

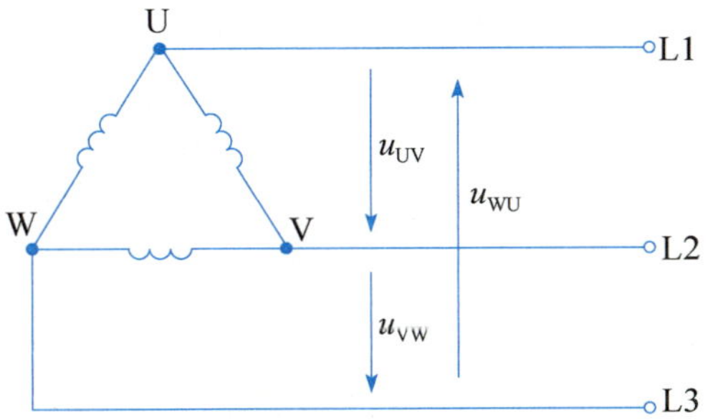

图 1－22　三相电源的三角形联结

3. 三相负载的联结

在三相交流电路中，通常把三相负载联结成星形或三角形两种形式。

（1）三相负载的星形联结。

假定把三相负载 Z_1、Z_2、Z_3 的一端联结于一点，这点称为负载的中性点，用 N′表示；把三相负载 Z_1、Z_2、Z_3 的另一端及负载中性点，用导线分别与三相电源及电源的中性点 N 联结，组成三相四线制的供电系统，如图 1－23 所示。如果不接中性线 NN′，则为三相三线制。

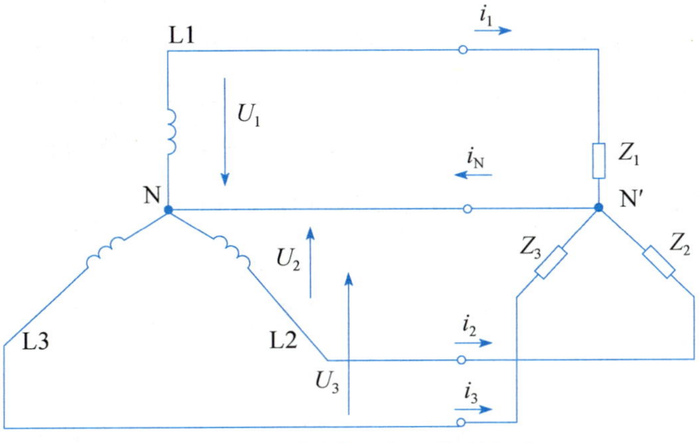

图 1－23　对称的三相四线制电路

三相负载相同，即 $Z_1=Z_2=Z_3$，称为对称三相负载。如果三相电源对称，三相负载对称，相线的复阻抗相等，由此组成的供电系统称为对称三相电路。

对称三相电路是一种特殊类型的三相正弦交流电路。因此，分析三相正弦交流电路所用的相量法，完全适用于对称三相电路。下面以对称三相四线制电路为例来进行分析。在图 1－23 所示的电路中，如果端线阻抗忽略不计，则负载的相电压（每相负载两端的电压）与电源的相电压相等，线电流等于流过每相负载的电流。流过每相负载的电流为

$$\begin{cases} \dot{I}_1=\dfrac{\dot{U}_1}{Z_1} \\ \dot{I}_2=\dfrac{\dot{U}_2}{Z_2} \\ \dot{I}_3=\dfrac{\dot{U}_3}{Z_3} \end{cases} \tag{1-30}$$

式中，$\dot{U}_1$、$\dot{U}_2$、$\dot{U}_3$ 分别为三相电源的相电压；Z_1、Z_2、Z_3 分别为三相负载阻抗。因三相负载对称，故 $Z_1=Z_2=Z_3$。

由于三相电源的相电压对称，所以三相负载的相电压也对称（负载相电压等于电源相电压），得到负载的相电流也是对称的，因此中性点电流等于零，即

$$\dot{I}_N=\dot{I}_1+\dot{I}_2+\dot{I}_3=0 \tag{1-31}$$

中性线电流为 0 时，N′和 N 电位相同，因此在分析对称三相四线制电路中可去掉中性线。在对称三相电路的计算中，只要算出一相的电流再应用对称性（相位依次相差 120°），即可得到其他两相的电流。

在工程实践中，还经常会遇到三相负载不对称的情况。为了保证负载能正常工作，在低压配电系统中通常采用三相四线制。其要求接入的中性线阻抗接近零，以确保三相负载中性点与三相电源中性点的电压 $U_{N'N}\approx 0$。虽然三相负载不对称，但由于接了中性线，能保证加在负载上的相电压对称，使得各相负载相互独立，负载的工作状态正常。若三相负载不对称，三相电流也不对称，中性线电流不为零。

通过以上分析可知中性线的重要性。为了避免中性线断开，在中性线上是不允许接入开关或熔断器的。

（2）三相负载的三角形联结。

假定三相负载对称，都等于 Z，联结成三角形，如图 1-24 所示。

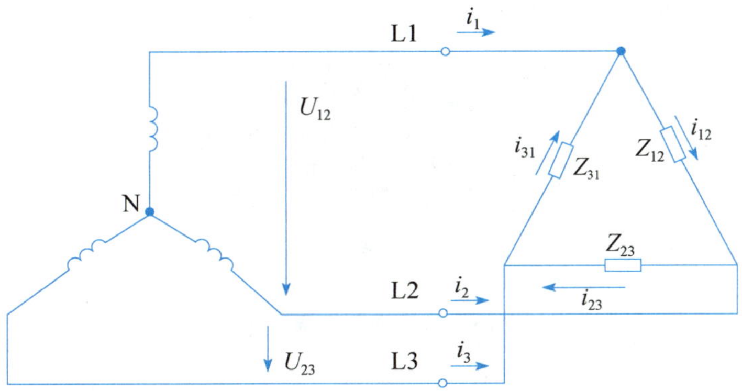

图 1-24　三相负载的三角形联结

设线电流为 $\dot{I}_1$、$\dot{I}_2$、$\dot{I}_3$，相电流为 $\dot{I}_{12}$、$\dot{I}_{23}$、$\dot{I}_{31}$，则有关系式

$$\begin{cases}\dot{I}_1=\dot{I}_{12}-\dot{I}_{31}\\ \dot{I}_2=\dot{I}_{23}-\dot{I}_{12}\\ \dot{I}_3=\dot{I}_{31}-\dot{I}_{23}\end{cases} \tag{1-32}$$

通过分析得

$$\begin{cases}\dot{I}_1=\sqrt{3}\,\dot{I}_{12}\angle -30^\circ\\ \dot{I}_2=\sqrt{3}\,\dot{I}_{23}\angle -30^\circ\\ \dot{I}_3=\sqrt{3}\,\dot{I}_{31}\angle -30^\circ\end{cases} \tag{1-33}$$

在对称三相负载的三角形联结中，线电流 I_L 等于相电流 I_P 的$\sqrt{3}$倍，线电流滞后对应的相电流 30°，线电压 U_L 等于相电压 U_P。

综上所述，在对称三相电路中，有如下结论：

在星形联结的情况下，$U_L=\sqrt{3}U_P$，$I_L=I_P$。

在三角形联结的情况下，$U_L=U_P$，$I_L=\sqrt{3}I_P$。

4. 导线的认识及线型的选择

（1）导线结构选择。

常用导线按照结构特点，可分为绝缘导线、裸导线、电磁线和电缆等。

1）绝缘导线。

绝缘导线是用铜或铝作导电线芯，外层覆以绝缘材料的导线。常用的外层绝缘材料有聚氯乙烯塑料和橡胶等。常用聚氯乙烯绝缘导线如图 1－25 所示。

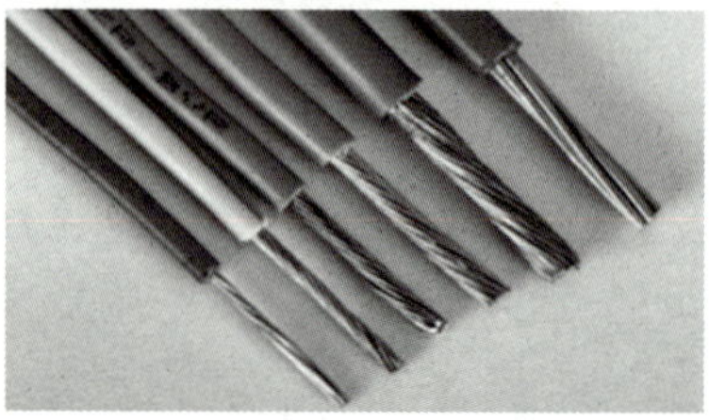

图 1－25　常用聚氯乙烯绝缘导线

2）裸导线。

常用的裸导线有 LJ 裸铝绞线、TJ 裸铜绞线和 LGJ 钢芯铝绞线三种。LGJ 钢芯铝绞线强度较高，用于电压较高的线路上。一般低压电力线路多采用 LJ 裸铝绞线。

3）电磁线。

电磁线是指专用于电能与磁能相互转换的带有绝缘层的导线，常用于电动机、电工仪表、作绕组或元件时的绝缘导线。常用的电磁线，按使用的绝缘材料不同可分为漆包线和绕包线。漆包线主要用于制造中小型电动机、变压器、电气线圈等，绕包线则常用于大中型、耐高温的设备中。

4）电缆。

电缆是一种特殊的导线，它由一根或数根绝缘导线组合成线芯，裹上相应的绝缘层（橡皮、纸或塑料），外面再包上密闭的护套层（常为铝、铅或塑料等）。

（2）导线截面选择。

导线截面的选择有三种方法：一是根据导线发热条件选择；二是根据线路的机械强度选择；三是根据电压损失条件选择。

1）根据导线发热条件选择导线截面。导线载流量 I_a≥实际负载电流 I_c，确保导线在长期通过负载电流时，其发热温度不超过允许值，避免绝缘老化或引发安全事故，最终的导线截面还需结合机械强度和电压损失条件综合确定。

2）根据线路的机械强度选择导线截面。导线安装和运行中，要受到外力的影响，由于导线自重和敷设方式不同使导线受到不同的张力，如果所用导线不能承受所施加的张力，就会造成断线事故。

3）根据电压损失条件选择导线截面。由变压器二次侧至线路末端，住宅用户电压损失应小于 6%；正常情况下，电动机端电压与额定电压不得相差±5%。

根据以上条件选择的导线截面，在同样负载条件下可能得出不同的截面积，此时，应选择其中最大的截面。

（3）导线颜色选择。

红色一般可以表示三相电路的 L3 相线、半导体三极管的集电极、半导体二极管、整流二极管或可控硅管的阴极；黄色一般可以表示三相电路的 L1 相线、半导体三极管的基极、可控硅管和双向可控硅管的控制极；绿色一般表示三相电路的 L2 相线；蓝色一般表示半导体三极管的发射极、可控硅管的阳极；黑色一般表示装置和设备的内部布线；黄和绿双色线一般表示安全用接地线。

（4）导线正确选用。

1）线芯材料的选择。铜导线焊接性能和力学性能比铝导线好，常用于要求较高的场合；由于铝导线价格相对低廉，因此应用比较普遍。

2）裸导线的选用。根据使用场合、负载电流的大小、经济指标等因素来综合确定导线的材质、外形及线径的大小。例如，架空导线一般用钢芯铝导线；振动或耐弯曲的场合则选用铜软接线。

3）电气设备用电线、电缆的选用见表 1－2。

表 1－2　电气设备用电线、电缆的选用

选用依据	方法
用途	根据是专用线还是通用线，是户内线还是户外线，是固定线还是移动线，来选择电线、电缆的类型
环境	根据温度、湿度、散热条件选择线芯长期允许工作温度； 按外力情况选择外护层机械强度参数； 根据有无腐蚀性气体、液体、油污的浸渍等选择耐化学腐蚀性； 按振动大小、弯曲状况来选择柔软性； 按是否预防电磁干扰选择是否用屏蔽线
额定电压和电流值	根据额定电压选择导线的电压等级； 根据负载电流值的大小选择导线的截面积
经济指标	在满足要求的前提下，尽量降低成本、节约资源

五、常用低压元器件

1. 断路器

空气开关

低压断路器俗称自动开关或空气开关，用于低压配电电路中不频繁的通断控制。在电路发生短路、过载、失压等故障时能自动分断故障电路，是一种集控制与多重保护于一身的元器件。它在保证人身安全、设备安全、配电系统的可靠性方面都有突出的作用。图 1－26 所示为常见的断路器。

（a）小型断路器　　（b）万能式断路器　　（c）塑壳断路器

图 1－26　常见的断路器

断路器主要由触点、灭弧系统和脱扣器组成。脱扣器包括过电流脱扣器、热脱扣器、失压脱扣器、分励脱扣器和自由脱扣器。

图 1－27 所示为断路器工作原理示意图及图形符号。断路器开关是靠操作机构手动或电动合闸的，触点闭合后，自由脱扣器将触点锁在合闸位置上。当电路发生短路、过载、失压等故障时，通过各自的脱扣器完成脱扣动作，自动跳闸以实现保护作用。分励脱扣器则作远距离控制分断电路之用。

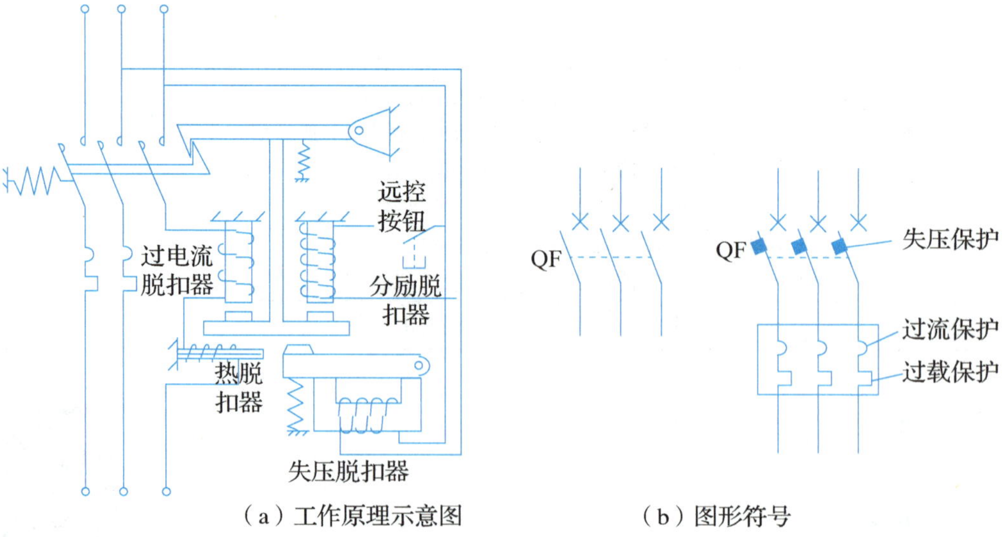

（a）工作原理示意图　　（b）图形符号

图 1－27　断路器工作原理示意图及图形符号

过电流脱扣器用于线路的短路保护和过电流保护。当线路的电流大于规定的电流值时，过电流脱扣器所产生的电磁力使挂钩脱扣，动触点在弹簧的拉力作用下迅速断开，实现断路器的跳闸功能。热脱扣器用于线路的过负荷保护，由发热元件、双金属片组成，工作原理和热继电器相同。当线路过载到一定值时，由于温度过高，双金属片受热弯曲并带动自由脱扣器，使断路器主触点断开，实现长期过载保护。失压脱扣器用于失压保护，其线圈直接接在电源上，处于吸合状态，断路器可以正常合闸；当停电或电压很低时，失压脱扣器的吸力小于弹簧的反力，弹簧带动铁心向上运动使挂钩脱扣，实现断路器的跳闸功能。分励脱扣器用于远方跳闸，当按下远控按钮时，分励脱扣器得电产生电磁力，使断路器跳闸。

不同断路器的保护作用是不同的，使用时应根据需要选用。在图形符号中也可以标注其保护方式，如图 1－27（b）所示的断路器图形符号中标注了失压、过流、过载三种保护方式。

低压断路器的选择应从以下几方面考虑：

1）断路器类型的选择：应根据使用场合和保护要求来选择。例如，一般选用塑壳式；短路电流很大时选用限流型；额定电流比较大或有选择性保护要求时选用框架式；控制和保护含有半导体器件的直流电路时应选用直流快速断路器；等等。

2）断路器的额定电压、额定电流应分别大于或等于线路、设备的正常工作电压和工作电流。

3）断路器极限通断能力大于或等于电路最大短路电流。

4）失压脱扣器额定电压等于线路额定电压。

5）过电流脱扣器的额定电流大于或等于线路的最大负载电流。

低压断路器的型号含义如图 1－28 所示。

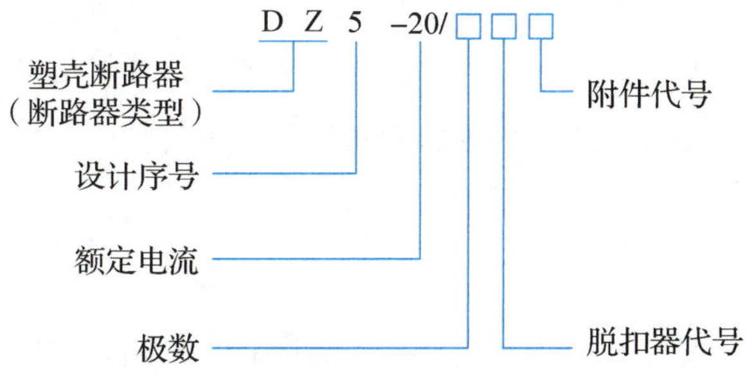

图 1－28　低压断路器的型号含义

熔断器

2. 熔断器

熔断器是基于电流的热效应和发热元件热熔断原理来设计的，具有一定的瞬时特性，在电路中主要起短路保护作用。常见熔断器如图 1－29 所示。

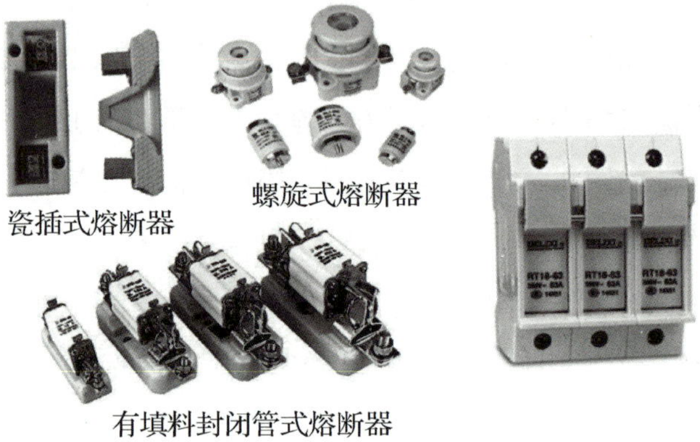

图 1－29　常见熔断器

熔断器串接在被保护的电路中，当电路发生短路故障时，熔断器中的熔体瞬间熔断，分断电路，实现对电路的短路保护和严重过载保护。熔断器具有结构简单、体积小、重量轻、使用维护方便、价格低廉、分断能力较高、限流能力良好等优点，因此在电路中得到广泛应用。

（1）熔断器的结构原理。

熔断器由熔体和安装熔体的绝缘底座（或称为熔管）组成。熔体由易熔金属材料铅、锌、锡、铜、银及其合金制成，形状多为丝状或网状。由铅锡合金和锌等低熔点金属制成的熔体，因不易灭弧，多用于小电流电路；由铜、银等高熔点金属制成的熔体，易于灭弧，多用于大电流电路。

熔断器串接在被保护电路中，电流通过熔体时产生的热量与电流的二次方及电流通过的时间成正比，电流越大，熔体熔断时间越短。这种特性称为熔断器的反时限保护特性或安秒特性。

（2）熔断器的分类。

熔断器种类很多，按结构分为开启式、半封闭式和封闭式；按有无填料分为有填料式和无填料式；按用途分为工业用熔断器、保护半导体器件熔断器及自复式熔断器等。常用的熔断器有瓷插式熔断器［见图 1－30（a）］、螺旋式熔断器［见图 1－30（b）］、RM10

型封闭管式熔断器和 RTO 型有填料封闭管式熔断器等。

熔断器图形符号如图 1－30（c）所示。

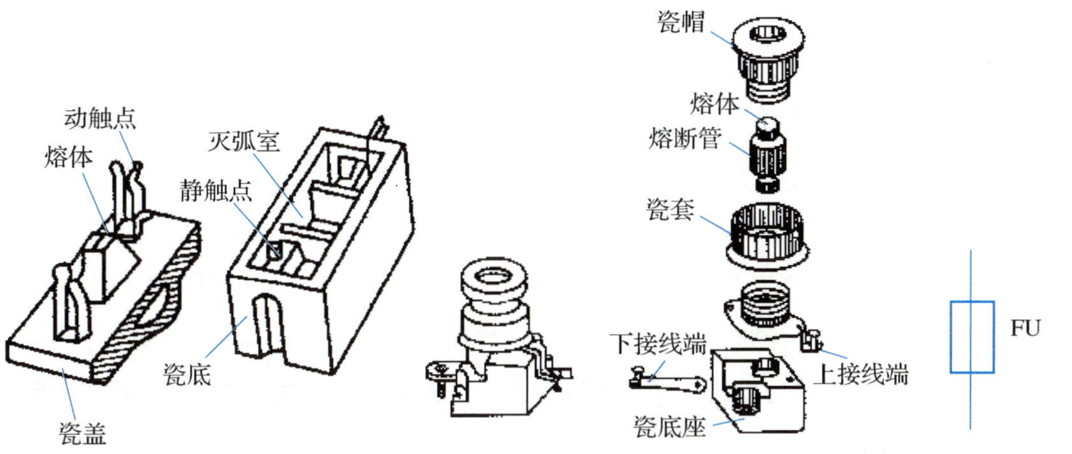

（a）瓷插式熔断器　（b）螺旋式熔断器　（c）图形符号

图 1－30　熔断器结构示意图及符号

瓷插式熔断器主要用于低压分支电路的短路保护，因其分断能力较小，多用于照明电路和小型动力电路中。常用的产品有 RC1A 系列。

螺旋式熔断器熔芯内装有熔体，并填充石英砂，用于熄灭电弧，分断能力强。熔体上的上端盖有一熔断指示器，一旦熔体熔断，指示器马上弹出，可透过瓷帽上的玻璃孔观察到。常用产品有 RL6、RL7 和 RLS2 等系列。

封闭管式熔断器可分为无填料式和有填料式两种，常用的型号有 RM10 型（无填料封闭管式熔断器）和 RTO 型（有填料封闭管式熔断器）。无填料封闭管式熔断器在低压电网成套配电设备中起短路保护和连续过载保护作用。其特点是可拆卸，即当其熔体熔断后，用户可以按要求自行拆开，重新装入新的熔体。有填料封闭管式熔断器具有较大的分断能力，用于较大电流的配电系统，也可用于熔断器式隔离器、开关熔断器等设备中。

（3）熔断器的主要技术参数。

熔断器的主要技术参数包括熔断器额定电压、熔体额定电流、熔断器额定电流、极限分断能力等。

1）熔断器额定电压是指保证熔断器能长期正常工作的电压。

2）熔体额定电流是指能长期通过而不会熔断熔体的电流。

3）熔断器额定电流是指保证熔断器能长期正常工作的电流。

4）极限分断能力是指熔断器在额定电压下所能开断的最大短路电流。在电路中出现的最大电流一般是指短路电流值，所以，极限分断能力也反映了熔断器分断短路电流的能力。

六、低压配电方式

1. 低压配电系统简介

接地和接零是指用电设备所采取的保护措施，是预防触电的关键手段。选择接地还是接零，取决于用电设备所使用的配电系统。低压配电系统根据接地形式的不同，可分为 IT 系统、TT 系统和 TN 系统三种。三种不同的配电系统名称中出现了三个不同的字母 I、T、N，这三个字母分别表示隔离、大地和中性点，这是国际电工委员会根据用电环境的不同以及保障程度的不同来进行划分的，我国低压配电系统同样采用了国际电工委员会的划分方法。

低压配电系统分为 IT 系统、TT 系统和 TN 系统，它们首字母表达的是电源侧的中性点是否接地，I 表示电源侧的中性点是不接地的，T 表示电源侧的中性点是接地的；后面的字母表示用电设备外露的部分是采用保护接地还是保护接零措施，T 表示采用保护接地措施，N 表示采用保护接零措施。例如，TN 系统表示电源侧的中性点是接地的，采取的保护措施是保护接零。TN 系统又可分为 TN－S 系统、TN－C 系统和 TN－C－S 系统。低压配电系统的类型如图 1－31 所示。

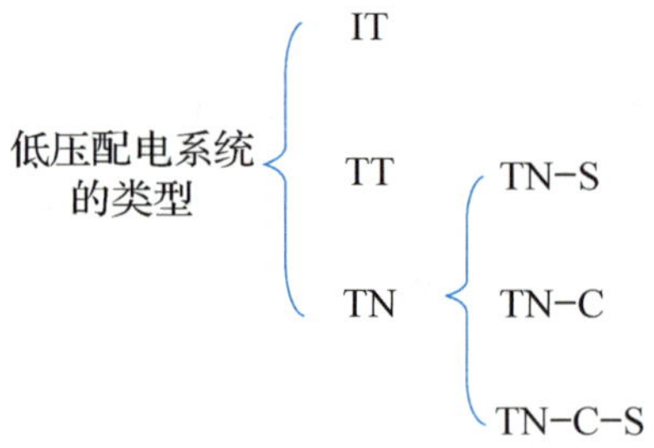

图 1－31　低压配电系统的类型

2. IT 系统与用电安全

对于 IT 系统，电源侧的中性点是不接地的，它是一个典型的三相三线制配电系统，如图 1－32 所示。在这个系统中间所接的用电设备，无论是三相设备还是单相设备，都需要经过专用的接地极来接地（保护接地）。IT 系统一般用于供电连续性、电击防护要求较高的场景，如矿山的巷道供电、医院手术室供电等。

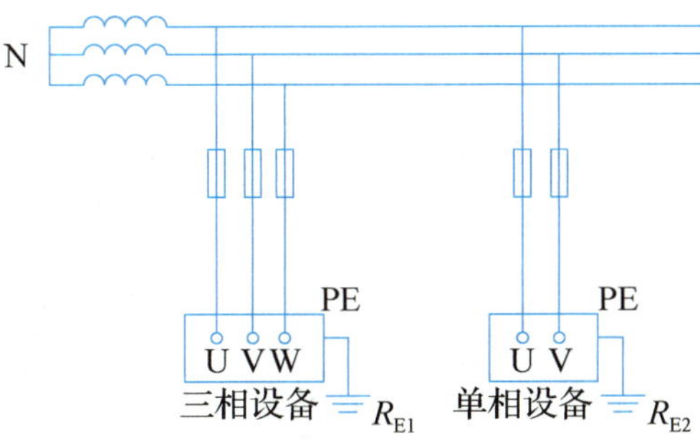

图 1-32　IT 系统

3. TT 系统与用电安全

TT 系统电源侧的中性点是接地的，同时从中性点引出一根中性线，连接到电网中的用电设备，如图 1-33 所示。无论是三相设备还是单相设备，它都需要通过专用的接地极来接地，也可以两个设备共用一个接地极，实现安全用电。这个系统主要用于城市公共配电网和低密度住宅小区，其缺点是接地成本较高。

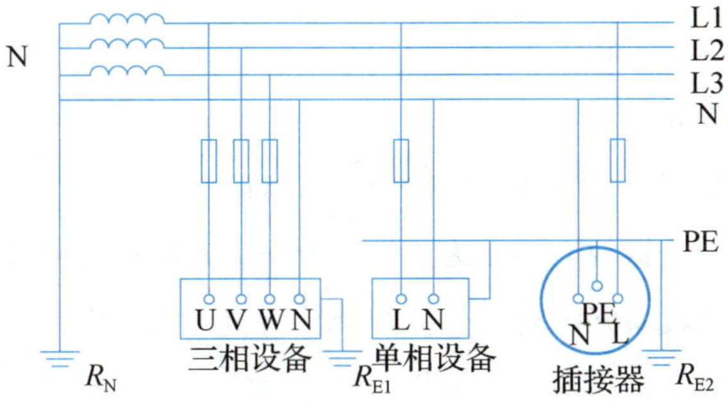

图 1-33　TT 系统

4. TN 系统与用电安全

（1）TN-S 系统。

TN-S 系统是我国应用最为广泛的一种系统，它是一个典型的三相五线制配电系统，如图 1-34 所示。在此系统中，所有的用电设备，无论是三相设备还是单相设备，它外露的可导电部分都统一接到 PE 线上，再通过 PE 线连接电源的接地点。当用电设备出现某相故障时，用电设备的外壳就会带电，这一相就会与中性线形成短路，使用电设备的保护装置，如熔断器马上断开，从而切断用电设备与电源之间的联系，预防触电事故的发生。实验室所用的三相电动机就是采取这种方式预防触电事故发生的。

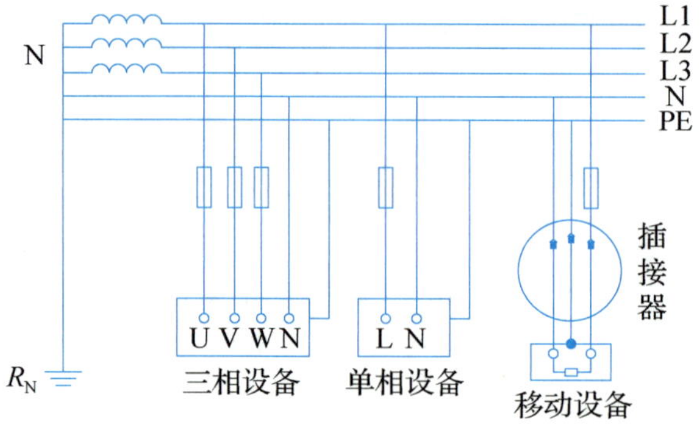

图 1－34　TN－S 系统

（2）TN－C 系统。

TN－C 系统与 TN－S 系统相比较，TN－C 系统的 PE 线和 N 线合成了一根线（PEN 线），即采用一根保护中性线来同时承担 PE 线和 N 线的功能，但是这种接法在技术上存在很多的弊端，如三相不平衡电流会通过 PEN 线并在其阻抗上产生压降，用电设备的金属外壳带电是不可避免的，PEN 线断线会使设备外壳带上危险相电压，现在民用建筑供配电系统已禁止采用 TN－C 系统。

（3）TN－S－C 系统。

TN－S－C 系统是 TN－C 系统和 TN－S 系统的组合形式，是我国应用比较多的一种系统。这种系统可重复接地，一是为了保护设备的外露可导电部分，在故障时尽量接近参考地电位；二是在设备漏电时，保护线能够将电流引入大地，确保可触及部分不会造成人身伤害。

愿乘风破万里浪，
甘面壁读十年书。

任务实施

一、电源安装流程

完成一个电源的安装，一般要经过读图、准备元器件、选择和检测元器件、选择导线型号和颜色、合理布置元器件、连接与检测线路等。详细流程如图 1-35 所示。

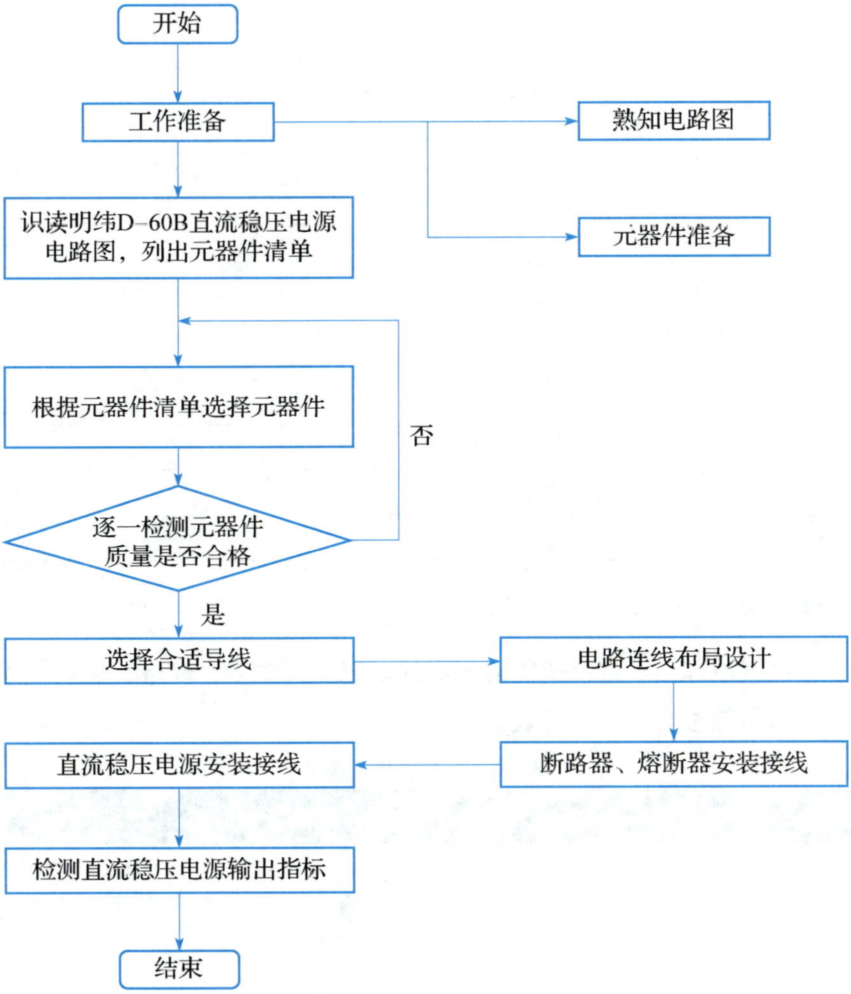

图 1-35　电源安装流程

1. 准备元器件（见表 1-3）

表 1-3 领料清单

序号	名称	单位	数量
1	断路器	个	2
2	熔断器	个	1
3	稳压电源	个	1
4	导线	根	若干
5	配线标志管	个	若干
6	焊锡丝	卷	1
7	助焊剂	盒	1
8	万用表	个	1
9	剥线钳	把	1
10	尖嘴钳	把	1
11	十字螺丝刀	把	1
12	一字螺丝刀	把	1
13	压线工具	个	1
14	打线工具	个	1
15	专用电源排插线	根	1
16	三相四线电缆盘	个	1
17	充电螺钉旋具	个	1
18	电烙铁	把	1

2. 选择和检测元器件

（1）识读电气原理图，选择所需的元器件，记录其型号、规格、数量。逐个检测元器件的规格和质量是否合格，填写表 1-4。

表 1-4 元器件记录表

元器件名称	电气符号	型号	额定电压	额定电流	主要作用	检测情况

（2）正确选择导线的规格和数量、接线板型号等。

（3）把检测好的器材整齐地放在工作台上。

3. 布置元器件

画出电路元器件布置图，按图在接线板上安装元器件。

4. 通电前检查

在通电运行前，应做好通电前检查，测量各点通断情况。若发现异常，则逐级检查元器件或导线，及时排除故障。

5. 通电调试

在电路检查正确无误后，方可进行通电测试。通电时应由工程师现场监护。

任务完成后，应先切断电动机的三相交流电源，然后整理现场。

二、检验评估

填写检验评估表，见表 1－5。

表 1－5　检验评估表

序号	检验项目	内容	是否合格
1	安全文明生产	1. 断电或带电作业	合格（　）/不合格（　）
		2. 劳保用品穿戴整齐	合格（　）/不合格（　）
		3. 电工工具准备齐全	合格（　）/不合格（　）
		4. 遵守操作规程	合格（　）/不合格（　）
		5. 清理现场	合格（　）/不合格（　）
2	电源接线	1. 合理选用导线并进行检测	合格（　）/不合格（　）
		2. 正确利用工具和仪表	合格（　）/不合格（　）
		3. 现场测试接线	合格（　）/不合格（　）
		4. 记录测试数据	合格（　）/不合格（　）
3	检修电源	1. 根据现象找到故障原因	合格（　）/不合格（　）
		2. 记录故障元器件的相关参数	合格（　）/不合格（　）
		3. 焊接或更换元器件，测试电路是否正常运行	合格（　）/不合格（　）
4	通电测试	1. 测量运行时电流值，判断选型是否合适	合格（　）/不合格（　）
		2. 通电成功	合格（　）/不合格（　）

任务二

使用与维护三相异步电动机

学习目标

知识目标

- 增强对电动机结构的感性认识。
- 掌握电动机内部结构及工作原理。
- 掌握电动机绕组拆卸、绕制、嵌线及电动机装配的方法。

能力目标

- 具备对电动机测试、检测方法的总结能力。
- 具备对电工相关仪表的使用能力。
- 具备对运行情况的纠错能力。

素质目标

- 强化安全意识、规范意识、创新意识。
- 培养工匠精神、科学精神和工程思维。
- 培养沟通表达和团队合作能力。
- 培养良好的职业道德和职业情操。

任务描述

现车间内拖动物料的皮带运输机出现故障，经诊断是驱动皮带运输机的三相异步电动机（见图 2－1）故障。为了能继续使用设备，需要对故障电动机进行处理，但是现在无法提供相同型号的备品。皮带运输机拖动负载通常不低于 300kg，现有以下两种处理方案。

图 2－1　减速三相异步电动机 GH－28

方案 1：根据故障电动机的型号、功率等参数，以及拖动负载的性质，寻找替代型号的电动机，并进行测试。

方案 2：为节省成本，对该电动机进行故障检测，并找出故障原因。拆开故障电动机，重新绕制定子绕组，安装到定子铁心槽内，完成整机安装，并进行测试。

请通过本任务的学习，分别完成两种方案的处理。

相关知识

一、三相异步电动机的结构与原理

1. 三相异步电动机的基本结构

三相异步电动机是由定子和转子两大基本部分组成的，在定子和转子之间具有一定的气隙。图 2－2 所示为三相鼠笼型异步电动机。

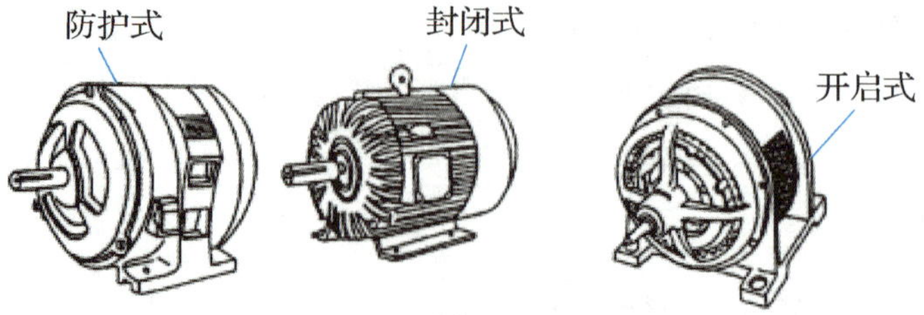

（a）三相鼠笼型异步电动机的外形

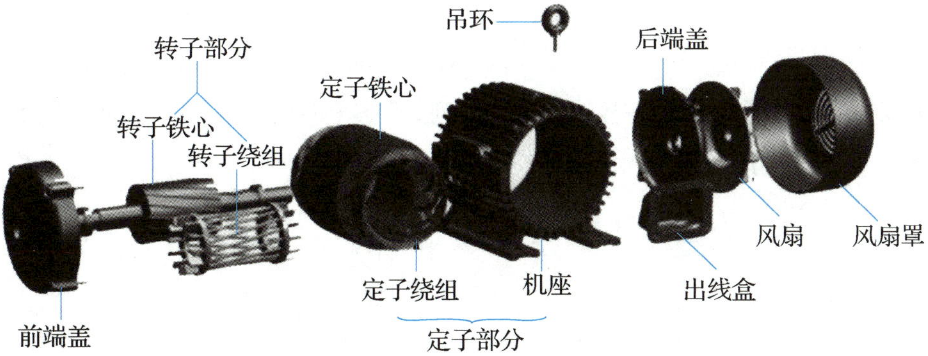

（b）封闭式三相笼型异步电动机的结构

图 2-2　三相鼠笼型异步电动机

（1）定子部分。

电动机中固定不动的部分称为定子，主要由定子铁心、定子绕组和机座等构成。

1）定子铁心。

定子铁心是电动机磁路的一部分，用于放置定子绕组。为了减少损耗，定子铁心一般用片间绝缘约 0.5mm 厚、导磁性能较好的硅钢片叠压而成。定子铁心示意图如图 2-3 所示。为了放置定子绕组，在铁心内圆开有槽，槽的形状有半闭口槽、半开口槽和开口槽等。它们分别对应放置小型、中型和大型三相异步电动机的定子绕组。

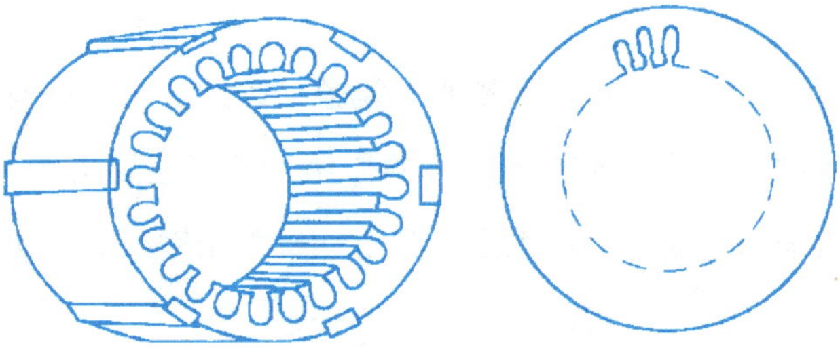

（a）定子铁心　　（b）定子铁心冲片

图 2-3　定子铁心示意图

2）定子绕组。

定子绕组是电动机的电路部分，嵌放在定子铁心的内圆槽内。它通过电流建立磁场，以实现电能和磁能的转换。三相定子绕组的每相都由许多线圈按一定的规律嵌放在铁心槽内，分为单层和双层两种。绕组的线圈边与铁心之间必须有槽绝缘，若是双层绕组，还需有层间绝缘。一般小型异步电动机采用单层绕组，大中型异步电动机采用双层绕组。

另外，槽口的绕组线圈边需用槽楔固定。三相绕组的六个接线端都引至接线盒上，三相绕组的首端（进线端）分别为 U1、V1、W1，尾端（出线端）分别为 U2、V2、W2，为了接线方便，这六个接线端在接线盒上的排列如图 2－4（a）、图 2－4（b）所示，根据需要可接成星形或三角形。

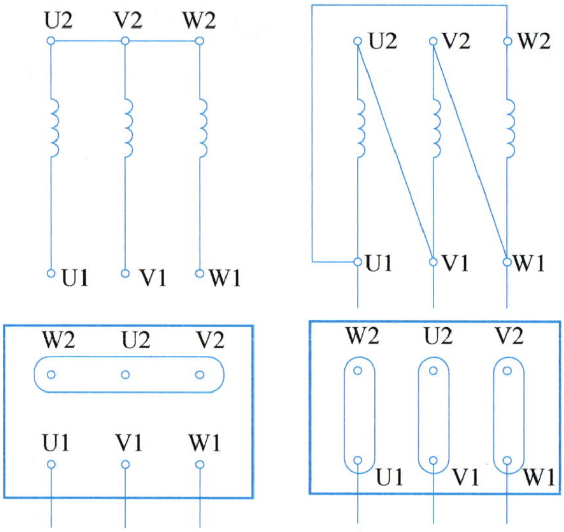

（a）星形联结　　（b）三角形联结

图 2－4　定子绕组联结的原理和实际接线

3）机座。

机座的主要作用是固定和支承定子铁心及端盖。因此，机座应有较好的机械强度和刚度，在中小型电动机中，端盖兼有轴承座的作用。机座还要支承电动机的转子部分，故中小型电动机一般采用铸铁机座，大型异步电动机采用钢板焊接机座。

（2）转子部分。

三相异步电动机的转子主要由转子铁心、转子绕组和转轴等组成。

1）转子铁心。

转子铁心是电动机磁路的一部分，一般用 0.5mm 厚的硅钢片叠压而成，其叠片冲有嵌放绕组的槽。转子铁心一般直接固定在转轴上，而大型三相异步电动机的转子铁心套在转子支架上，再将转子支架固定在转轴上。

2）转子绕组。

根据转子绕组的结构形式，可分为鼠笼型转子绕组和绕线型转子绕组两种。

①鼠笼型转子绕组。鼠笼型转子绕组是在转子铁心的每个槽内放入一根导体，在伸

出铁心的两端分别用两个导电端环把所有的导条连起来，形成一个自行闭合的短路绕组。如果去掉铁心，剩下来的绕组形状就像一个松鼠笼子，所以称为鼠笼型转子绕组。对于中小型三相异步电动机，鼠笼型转子绕组一般采用铸铝的方法，把转子导条和端环、风扇叶片用铝液一次浇铸而成，称为铸铝转子，如图 2 - 5 所示。

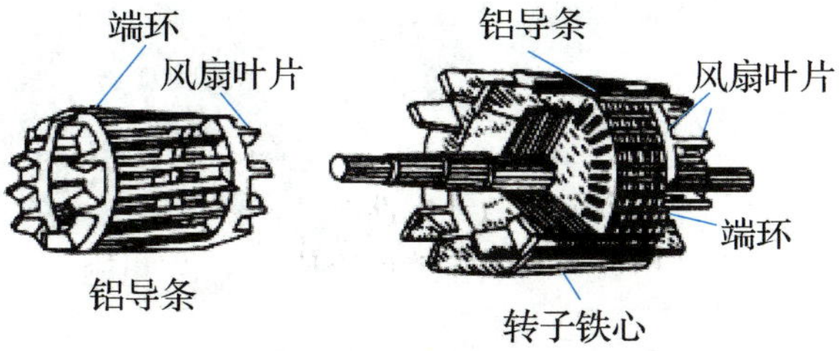

（a）铸铝转子绕组　（b）铸铝转子外形

图 2 - 5　铸铝转子

也有用铜导条焊接在两个铜端环（称为导条短路环）上的铜条鼠笼型转子绕组，在转子铁心的每一个槽中插入一根铜导条，在铜导条两端各用一个铜端环把铜导条连接起来，称为铜条转子，如图 2 - 6 所示。在实际生产中，鼠笼型转子铁心槽沿轴向是斜的，导致导条也是斜的，这主要是为了削弱由于定、转子开槽引起的齿谐波，以改善鼠笼型电动机的起动性能。鼠笼型转子绕组因结构简单、制造方便、运行可靠而被广泛应用。

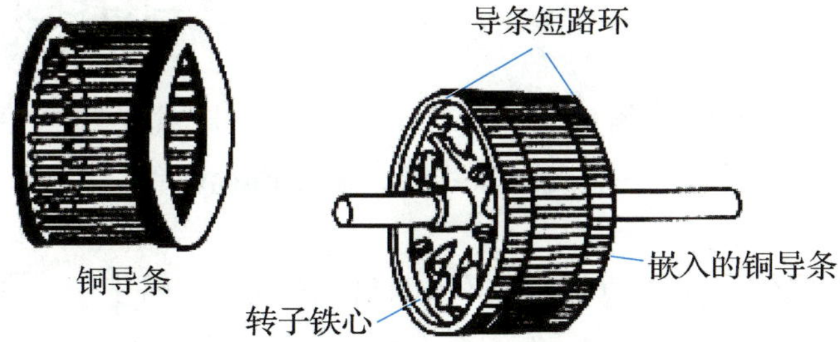

（a）铜条转子绕组　（b）铜条转子外形

图 2 - 6　铜条转子

②绕线型转子绕组。绕线型转子绕组也是一个三相绕组，一般联结成星形，三根引出线分别接到转轴的三个滑环（称为集电环）上，再经电刷引出而与外部电路接通，如图 2 - 7 所示。绕线式三相交流电动机的转子还装有提刷短路装置，当电动机起动完毕而又不需调速时，可操作手柄将电刷提起，同时使三个滑环短路，其目的是减少电动机在运行中电刷磨损和摩擦损耗。

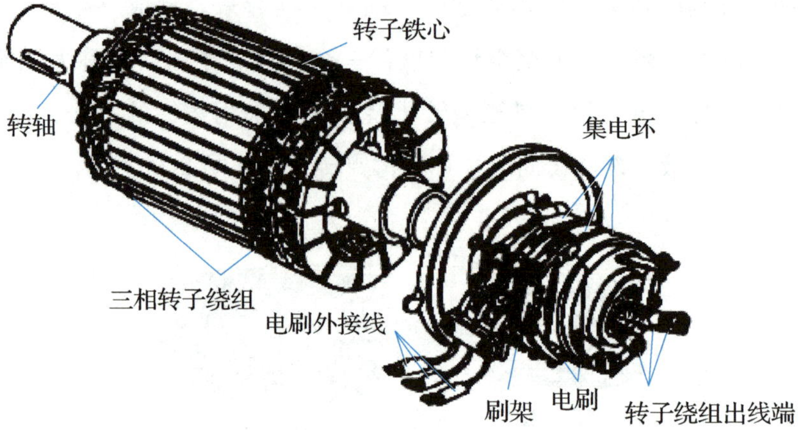

（a）结构

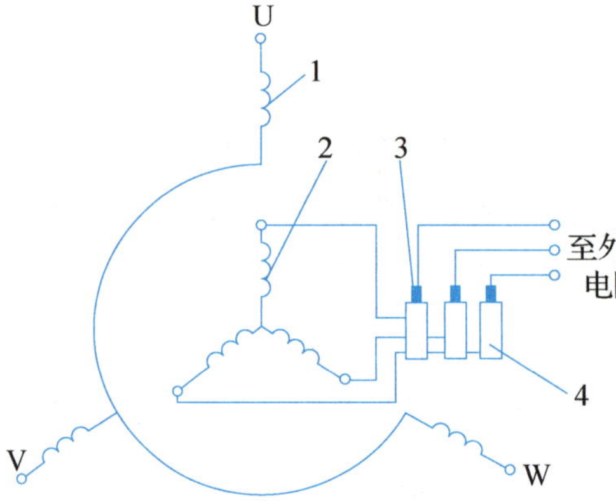

（b）接线

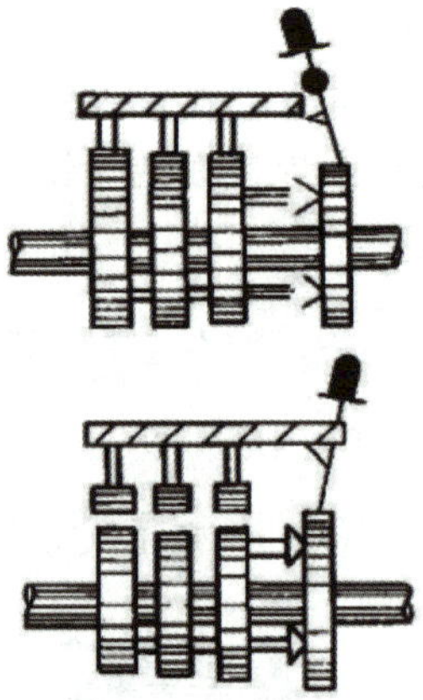

（c）提刷短路装置

图 2－7　绕线式三相交流电动机的转子

这种转子的主要优点是可以通过滑环和电刷在转子回路中串入附加电阻或其他控制装置，以改善电动机的起动性能及调速性能；缺点是结构复杂，价格昂贵，维修复杂。

3）转轴。

转轴是支承转子铁心和输出转矩的部件，它必须具有足够的刚度和强度。转轴一般用中碳钢切削加工而成，轴伸出端铣有键槽，用来固定带轮或联轴器。

（3）气隙。

三相异步电动机的气隙是均匀的，励磁电流是由电网供给的。气隙越大，励磁电流越大，这会直接影响电网的功率因数。因此，异步电动机的气隙大小为机械条件所能允许达到的最小数值，中小型异步电动机一般为0.2～0.5mm。

2. 三相异步电动机的工作原理

（1）旋转磁场。

旋转磁场是指极性与大小不变，且沿着一定方向以一定速度旋转的磁场。三相交流异步电动机三相绕组为对称结构，每相绕组的匝数连接规律均相同，且在空间布置上互差120°空间电角度，三相对称绕组每个线圈在空间的跨距是1/2圆周，线圈的首端分别为U1、V1、W1，尾端分别为U2、V2、W2。绕组轴线的正方向符合右手螺旋定则，即四指从每相的首端进，尾端出（不论电流方向如何），拇指所指方向代表绕组轴线（也称相轴）正方向。

1）三相对称电流。

当三相对称绕组接上对称的三相电源时，在该绕组中产生对称的三相电流，三相对称电流在相位上互差120°，各相电流瞬时表达式为

$$\begin{cases} i_U = I_m \cos\omega t \\ i_V = I_m \cos(\omega t - 120°) \\ i_W = I_m \cos(\omega t - 240°) \end{cases} \tag{2-1}$$

三相对称绕组中通入三相对称电流时，便会产生旋转磁场。下面采用作图法来证明旋转磁场是在三相对称绕组中通以三相对称电流而产生的，并说明旋转磁场的特点。

三相对称电流随时间变化的曲线如图2-8所示。

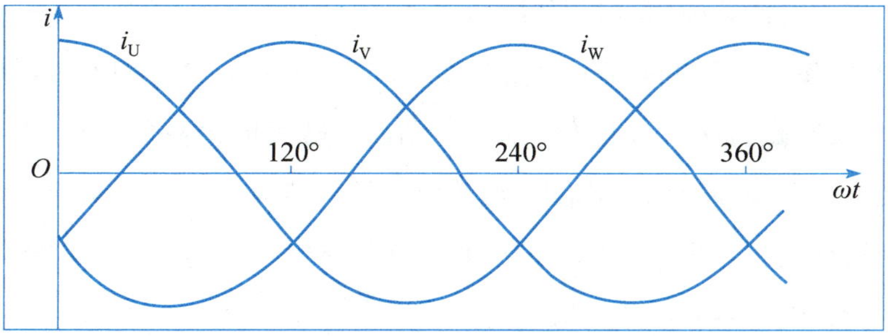

图2-8　三相对称电流随时间变化的曲线

规定电流为正时，电流从线圈的首端（U1、V1、W1）流入，从线圈的尾端（U2、V2、W2）流出；电流为负时则方向相反，从线圈的首端流出，从线圈的尾

端流入。在表示线圈导出的小圆圈内，用“×”表示电流流入，“·”表示电流流出。

2）旋转磁场的产生。

选择 $\omega t=0$、$\omega t=120°$、$\omega t=360°$等几个特定的时刻进行分析。首先，以 $\omega t=0$ 这一时刻为例，如图 2－9（a）所示。此时，$i_U=I_m$，电流从 U1 流入，以“×”表示，从 U2 流出，以“·”表示，根据右手螺旋定则可知，三相绕组中电流产生的合成磁场方向是从上向下。用同样的方法可以画出 $\omega t=120°$、$\omega t=240°$、$\omega t=360°$时的电流及合成磁场的方向，分别如图 2－9（b）～图 2－9（d）所示。

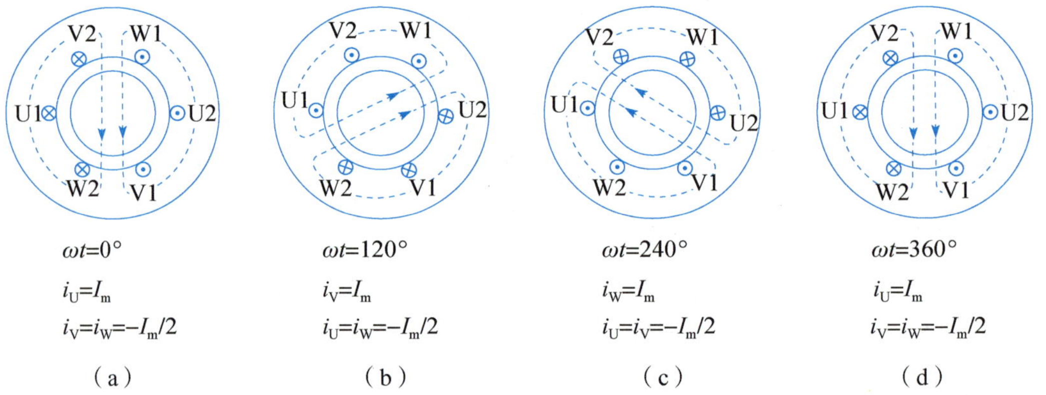

图 2－9　两极旋转磁场示意图

合成磁场的轴线在空间是旋转的，故称为旋转磁场。当某相电流达到最大值时，旋转磁场的矢量就转到该相轴方向，磁场转向由电流相序决定。要改变旋转磁场的转向，将三相电源进线中的任意两相对调即可。

由图 2－9 可知，电流在时间上变化了 $\omega t=360°$电角度，即一周期时，在两极（$p=1$）的情况下，旋转磁场在空间也转过 360°电角度，转过的机械角也是 360°，即在空间正好转过一圈。电流每秒变化 f 周期，则旋转磁场的转速 $n_0=f$(r/s)$=60f$(r/min)。

如果是四极电动机，即 $p=2$，电流在时间上变化一周期，磁场在空间转过半圈，如图 2－10 所示，则 $n_0=60f/2$(r/min)。

旋转磁场的转速表达式为

$$n_0=\frac{60f}{p} \tag{2-2}$$

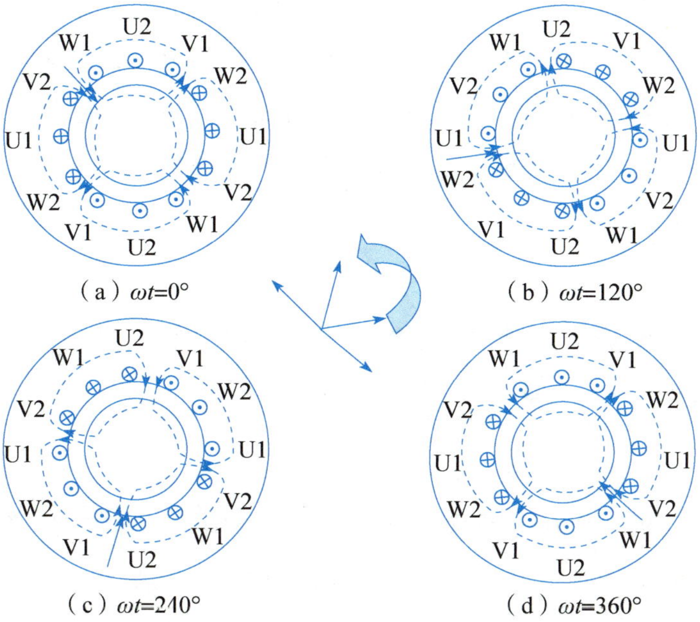

图 2-10 四极旋转磁场示意图

当三相异步电动机的定子绕组通入三相对称电流时，便在定子、转子之间的气隙中产生旋转磁场，设旋转磁场以 n_0 的速度顺时针旋转，转子铁心逆时针方向切割磁力线，产生感应电动势，感应电动势的方向可由右手定则判定。转子电路为闭合电路，在感应电动势的作用下，产生感应电流。载流导体在磁场中要受到力的作用，其方向可以用左手定则判定，这些电磁力对转轴形成电磁转矩，其作用方向同旋转磁场的旋转方向一致。这样，转子便以一定的速度沿旋转磁场的旋转方向转动起来，转子的转速用 n 表示。三相异步电动机转动原理如图 2-11 所示。

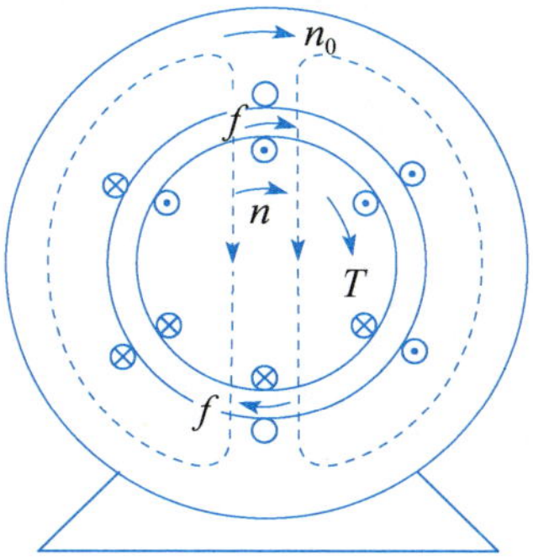

图 2-11 三相异步电动机转动原理

显然，转子的转速 n 总要略低于旋转磁场的转速 n_0，这就是异步电动机“异步”

的由来。因为，如果转子速度最终加速到等于旋转磁场的转速，转子绕组与旋转磁场之间就没有相对运动，也不会产生感应电动势并产生电流和电磁转矩使转子继续转动。所以，定子和转子之间的转速差（n_0-n）是异步电动机运行的必要条件，转速差（n_0-n）与同步转速 n_0 的比值称为转差率，用符号 s 表示，即

$$s=\frac{n_0-n}{n_0} \tag{2-3}$$

转差率是异步电动机的一个基本参数，它对电动机的运行有着极大的影响。它的大小同样也能反映转子转速，即

$$n=n_0(1-s) \tag{2-4}$$

由于异步电动机工作在电动状态时，其转速与同步转速方向一致但小于同步转速，所以电动状态的异步电动机其转差率 s 的范围是 0～1。$s=0$ 是理想空载状态，$s=1$ 是起动瞬间。

对于普通的三相异步电动机，为了使其额定运行时的效率较高，通常将它的额定转速设计为略低于但很接近于对应的同步转速，所以额定转差率 s_N 一般为 1.5%～5%。

例 2-1 一台三相异步电动机，额定功率为 55kW，电网频率为 50Hz，额定转速为 570r/min，求电动机的极对数和额定负载时的转差率。

解 （1）因为电动机额定转速接近同步转速，最接近的是 600r/min，所以同步转速 $n_0=600\text{r/min}$。

（2）电动机极对数为

$$p=60\frac{f_1}{n_0}=60\times50/600=5$$

即为 10 极电动机。

（3）额定负载时的转差率为

$$s=\frac{n_0-n}{n_0}=(600-570)/600=0.05$$

3. 三相异步电动机的铭牌

每一台三相异步电动机的机座上都有一块铭牌，铭牌上标注型号、额定值等，如图 2-12 所示。

三相异步电动机			
型号 Y3－112M－2		编号××××	
4kW		8.2A	
380V	2 890r/min	LW 59dB(A)	
接法△	防护等级 IP55	50Hz	××kg
冷却方式 IC411	工作制 S1	F 级绝缘	××××年××月
××电机厂			

图 2－12　三相交流异步电动机铭牌

（1）型号。

异步电动机型号的表示方法，与其他电动机一样，一般采用汉语拼音大写字母和阿拉伯数字的组合。根据电动机的相关名称选择有代表意义的汉字，再用该汉字拼音的第一个大写字母表示电动机的种类，如异步电动机用“Y”表示。型号中也有用英文字母表示的，如 S、M、L 分别表示短、中、长机座。下面举例说明：

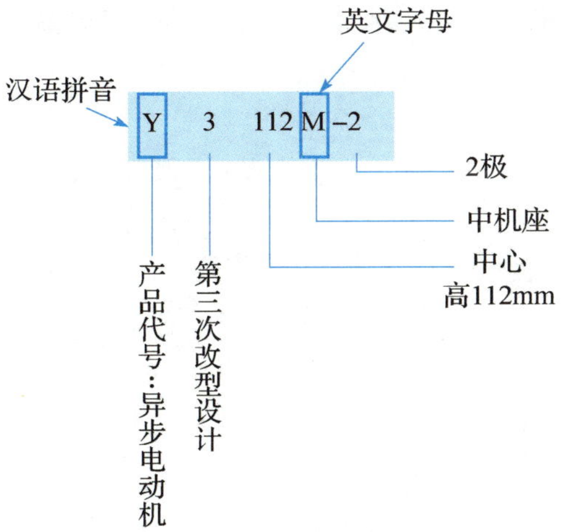

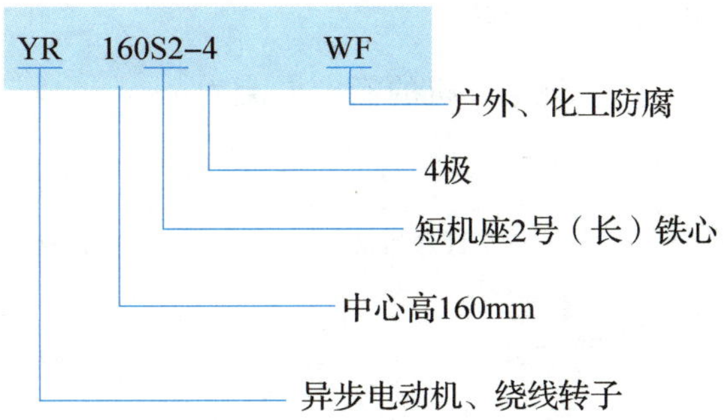

中心高数值越大，电动机容量越大，因此异步电动机按容量大小分类与中心高有关：中心高 63～355mm 的为小型，355～630mm 的为中型，630mm 以上的为大型。在同样的中心高下，机座越长，则容量越大。

（2）额定值。

额定值规定了电动机的正常运行状态和条件，它是选用、安装和维修电动机时的依据。异步电动机铭牌上标注的主要额定值有以下几种。

1）额定功率 P_N。额定运行时，电动机转轴上输出的机械功率（kW）。

2）额定电压 U_N。额定运行时，应对定子绕组施加的线电压（V）。

3）额定电流 I_N。电动机在额定电压下运行，转轴上输出额定功率，流入定子绕组的线电流（A）。

对于三相异步电动机的额定功率与其他额定值之间有如下关系式：

$$P_N=\sqrt{3}U_N I_N \cos\varphi_N \eta_N \tag{2-5}$$

4）额定频率 f_N。电动机所接的交流电源的频率。我国电力网的频率（工频）规定为 50Hz。

5）额定转速 n_N。电动机在额定电压、额定频率和转轴上输出额定功率时的转子转速（r/min）。

铭牌上除了标有型号和额定值，还标明绕组的联结法、绝缘等级及工作制等。对于绕线式转子异步电动机，还标明转子绕组的额定电压（指定子上加额定频率的额定电压而转子绕组开路时集电环间的电压）和转子的额定电流，以作为配用起动变阻器等的依据。

例 2-2 一台 Y160M2-2 三相异步电动机的额定数据如下：$P_N=15\text{kW}$，$U_N=380\text{V}$，$\cos\varphi_N=0.88$，$\eta_N=88.2\%$，定子绕组三角形联结。试求：该电动机的额定电流和对应的相电流。

解 该电动机的额定电流为

$$I_N=\frac{P_N}{\sqrt{3}U_N\cos\varphi_N\eta_N}=\frac{15\ 000}{\sqrt{3}\times 380\times 0.88\times 0.882}\text{A}=29.4\text{A}$$

相电流为

$$I_{N\varphi}=\frac{I_N}{\sqrt{3}}=\frac{29.4}{\sqrt{3}}\text{A}\approx 17\text{A}$$

从此题看，在数值上有 $I_N\approx 2P_N$，这也是额定电压为 380V 的电动机的一般规律。实际工程中，可以对额定电流进行粗略估算，即每千瓦按 2 安培电流估算。

二、电动机的拆装（绕组展开与安装）

1. 电动机的拆卸与装配方法

（1）三相鼠笼型异步电动机的拆卸方法。

为了确保维修质量，在拆卸三相鼠笼型异步电动机前应该做好充分的准备：首先，备齐拆卸工具；其次，查阅并记录被拆卸电动机的型号、外形和主要技术参数，在端盖、轴螺钉、电动机接线等处做好标记和记录，保障后面能正确地装配，电动机能正常工作。不正确的拆卸，很可能损坏电动机的零件或绕组，增加修理的难度，造成不必要的损失。

第 1 步：拆卸联轴器或皮带轮。

先在联轴器或皮带轮的轴伸端做好尺寸标记，再将联轴器或皮带轮上的定位螺钉或销子取出，装上拉具，将联轴器或皮带轮卸下。如果由于锈蚀而难以拉动，可在定位孔内注入煤油，几小时后再拉出。若还是拉不出，可用局部加热的办法，用喷灯等急火在皮带轮轴套四周加热，使其膨胀就可以拉出，但加热温度不能太高，以防止变形。在拆卸过程中，严禁用手锤或其他坚硬的物体直接敲击联轴器或皮带轮，防止碎裂和变形，必要时应垫上木板或用紫铜棒轻敲。

第 2 步：拆卸风扇罩和风扇。

拆卸风扇罩螺钉后，即可取下风扇罩，然后松开风扇的锁紧螺钉或定位销，用手锤或紫铜棒在风扇四周均匀地轻轻敲击，风扇即可松脱。风扇多由铝和塑料制成，比较脆弱，因此在拆卸时切忌用手锤直接敲打。

第 3 步：拆卸端盖，抽出转子。

把轴承外盖的螺栓卸下，拆开轴承外盖。为了便于装配时复位，应在端盖与机座接缝处做好标记，松开端盖紧固螺栓，然后用紫铜棒或用手锤垫上木板均匀敲打端盖四周，使端盖松动取下，再松开另一端端盖的紧固螺栓，用手锤或紫铜棒轻轻敲打轴伸端，就可以把转子和后端盖一起取下，往外抽转子时要注意不能碰定子绕组。大、中型电动机一般需用起重设备将转子吊住并平移抽出。

第 4 步：拆卸和清洗轴承。

三相鼠笼型异步电动机轴承的拆卸方法如下：

用拉具拆卸轴承，这是最简便的方法，且不易损坏轴承和转轴。使用时应根据轴承的大小选择适宜的拉具，夹住轴承。拉具的爪应扣在轴承内圈上，拉具丝杠的顶尖要对准转轴的中心孔，慢慢扳转丝杠，用力要均匀，丝杠与转子应保持在同一轴线上。

拆卸电动机端盖内的轴承，可将端盖止口面向上，平放在两块铁板或一个孔径稍大于轴承外圈的铁板上，上面用一段直径略小于轴承外圈的紫铜棒或其他金属棒对准轴承，用手锤轻轻敲打紫铜棒或金属棒。

清洗轴承时，先刮去轴承外面的废油，再用煤油洗净残存的油污，最后用清洁布（不能用纱头）擦干。

清洗轴承后，应检查轴承是否损坏。检查时用手旋转轴承外圈，观察其转动是否灵活。如果发现卡住或过松，需仔细检查滑道、保持器及滚珠有无锈迹、斑痕、伤痕等，以决定轴承是否需要更换。

（2）三相鼠笼型异步电动机主要部件的装配方法。

三相鼠笼型异步电动机的装配工序与拆卸时的工序相反，下面简述装配的步骤及方法。

先将转子一端装配端盖等零部件，另一端暂不装配，把转子装入定子内腔，注意不要擦碰。再将端盖止口和机座止口咬合，并用手锤适当敲击，使配合位置正确，松紧合适。然后，对准端盖安装孔将螺栓与机座连接，紧固螺栓时应均匀施力，并用手锤在四周均匀敲打，再将螺栓紧固；最后，装配风扇罩端的端盖，用手转动转子，应能灵活转动，边敲边紧固螺钉，直至装配完好。

轴承安装的质量直接影响电动机的寿命，装配前应用煤油把轴承、转轴和轴承室等处清洗干净。用手转动轴承外圈，检查是否灵活、均匀和有无卡住现象。如果轴承不需更换，则需再用汽油洗净，用干净的布擦干待装；如果需更换新轴承，应将轴承放入变压器油中加热 5min 左右，待防锈油全部熔化后，再用汽油洗净，用干净的布擦干待装。轴承往轴颈上装配的方法有两种：冷套和热套。套装零件及工具都要清洗干净，把清洗干净的轴承内盖加好润滑脂后套在轴颈上。

2. 定子绕组展开

（1）定子绕组的基本术语。

1）线圈。

线圈是组成定子绕组的基本单元，有单匝和多匝等类型，如图 2－13 所示。每个线圈放在铁心槽内的直线部分称为有效边，槽外部分称为端部。

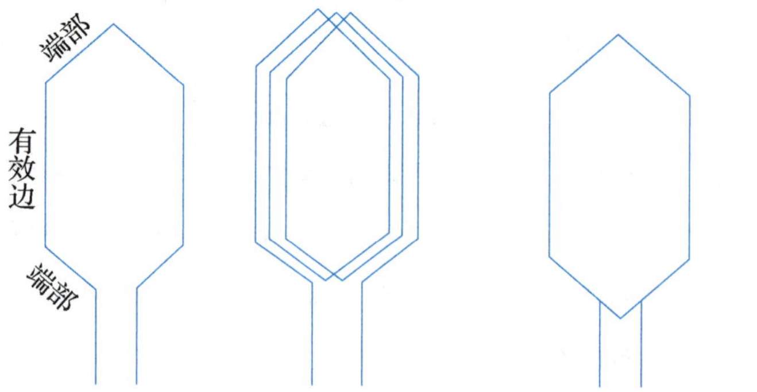

（a）单匝线圈　（b）多匝线圈　（c）多匝线圈简化图

图 2－13　线圈

2）单层绕组与双层绕组。

槽内沿槽深方向只嵌放一个线圈边的绕组称为单层绕组；沿槽深方向嵌放两个线圈边的绕组称为双层绕组。单层绕组的总线圈数等于槽数的一半，双层绕组的总线圈数等于槽数。

3）极数 $2p$。

极数是指定子绕组通电后所产生的磁极数。电动机的磁极总是成对出现的。可根据电动机转速计算磁极数，即 $p=\frac{60f_1}{n_N}$，所得结果只能取整数。

4）极距 τ。

每极所占槽数或每极下的气隙长度，称为极距。定子总槽数为 z_1，有 $2p$ 个磁极的电动机，极距为 $\tau=\frac{z_1}{2p}$。若用磁极所占范围的长度表示极距，则 $\tau=\frac{\pi D}{2p}$，D 为定子铁心内径，单位是 mm；若用电角度表示，则 $\tau=\frac{360^\circ p}{2p}=180^\circ$。

5）节距 y。

一个线圈的两条有效边之间相隔的槽数，称为节距或跨距。若 $y=\tau$，则定子绕组为整距绕组；$y>\tau$，为长距绕组；$y<\tau$，为短距绕组。三相异步电动机的双层绕组短节距一般取 $y=5/6\tau$ 或 $y=4/5\tau$，这样既减少了高次谐波（特别是 3 次、5 次谐波）对电动机的影响，改善了电动机性能，又节省了绕组端部的用铜量。

6）电角度 α。

一个圆周所对应的机械角度为 360°。但对磁场来说，一对磁极就对应一个交变周期。把一个交变周期定义为 360°电角度，因此电角度与机械角度的关系为电角度$=p\times$机械角度。

相邻两槽之间的电角度称为槽距角，是指铁心上相邻两槽中心间隙的电角度，每一个槽所占的电角度，则有 $\alpha=\frac{360^\circ p}{z_1}$。

7）每极每相槽数 q。

在三相异步电动机中，每个磁极所占槽数要均等地分给三相绕组，每相绕组在每个磁极下所分到的槽数，称为每极每相槽数，即 $q=\frac{z_1}{2m_1p}$。其中，m_1 为定子绕组相数。

8）极相组。

将一个磁极下属于同一相的 q 个线圈按照一定的方式串联而成的线圈组，称为极相组。对于单层绕组，每相极相组数等于极对数；对于双层绕组，每相极相组数等于极数。

9）绕组并联支路数。

可将一台电动机中每相所有的线圈串联成一条支路，也可并联成多条支路。每相绕组中并联的路数称为并联支路数，用 a 表示。支路之间并联的原则是：各支路顺着电流的方向连接；各支路的相首与相首相连，相尾与相尾相连，不得颠倒；并联后各支路所串联的线圈数相等。

10）相带。

定子绕组每极每相所占的电角度称为相带。一般三相异步电动机为 60°相带，如图 2-14 所示。

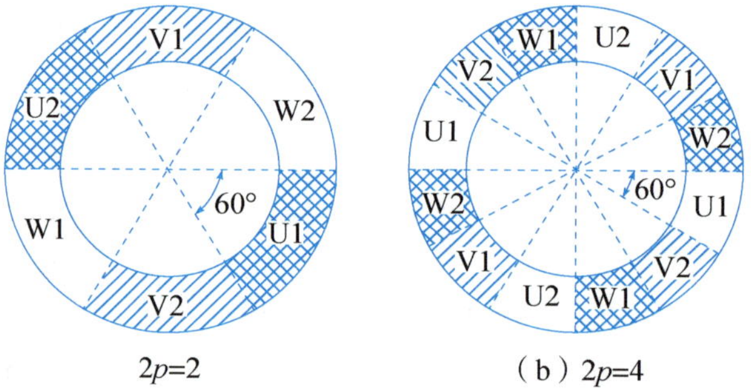

图 2-14　60°相带

11）绕组展开图。

设想把定子切开并拉平，略去定子铁心部分，把槽中的线圈用一根单线表示，绘出的绕组平面原理图，称为绕组展开图。

（2）绕组展开图的绘制。

1）三相单层绕组。

单层绕组在每一个槽内只安放一个线圈边，所以三相绕组的总线圈数等于槽数的一半。现以 $z_1=24$，要求绕成 $2p=4$，$m_1=3$ 的单层绕组为例，说明三相单层绕组展开图的绘制方法。

①计算绕组相关数据。

$$\tau=\frac{z_1}{2p}=\frac{24}{4}\text{槽}=6\text{ 槽}$$

$$q=\frac{z_1}{2m_1p}=\frac{24}{2\times3\times2}\text{槽}=2\text{ 槽}$$

②划分相带。

先画 24 根铅垂线表示定子绕组 $z_1=24$ 个槽和槽中的线圈边，并且按 1、2…顺序编号；$q=2$ 即相邻两个槽组成一个相带，两对极共有 12 个相带，如表 2-1 所示。

表 2-1　绕组槽号和相带

对极	U1	W2	V1	U2	W1	V2
第一对极	1、2	3、4	5、6	7、8	9、10	11、12
第二对极	13、14	15、16	17、18	19、20	21、22	23、24

③画绕组展开图。

以 U 相为例，根据表 2-1，U 相的槽号是 1、2、7、8、13、14、19、20，这 8 个槽的垂直线表示 U 相线圈的有效边。对于单层整距叠绕组，由于 $y=\tau$（=6）和 $q=2$，第 1 槽和第 7 槽是同一个线圈的两条有效边，将这个线圈的端部联结好，就画出了 U 相的第 1 个线圈，第 1 槽进线标为 U11，第 7 槽出线标为 U21。同理，可以画出有效边在第 2 槽和第 8 槽的第 2 个 U 相线圈，第 2 槽进线标为 U12，第 8 槽出线标为 U22；第 3 个 U 相线圈的两条有效边在第 13 槽和第 19 槽，第 13 槽进线标为 U13，第 19 槽出线标为 U23；第 4 个 U 相线圈的两条有效边在第 14 槽和第 20 槽，第 14 槽进线标为 U14，第 20 槽出线标为 U24。这样就画出 U 相的 4 个线圈，并画出线圈中电流的流向。由于 $a=1$，所以将 4 个线圈首尾依次相连，进行串联。这样就画出 U 相绕组，如图 2-15 所示。

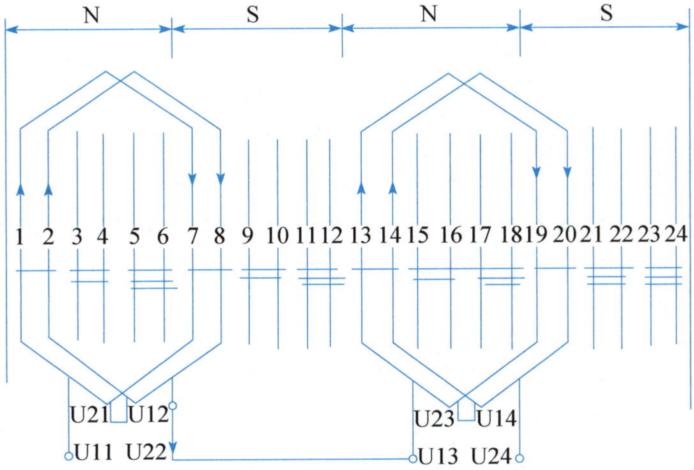

图 2-15　单层整距叠绕组

对于链式绕组，联结顺序为线圈（$y=\tau-1$）→U 相绕组（各线圈的尾连尾，头连头），如图 2-16 所示。每个线圈跨距小，端部短，节省铜材料；$q=2$ 的两线圈各朝两边翻，散热好。因为 U 相绕组的各线圈边槽号及电流方向不变，电磁性能未变，所以链式绕组与单层整距叠绕组是等效的。

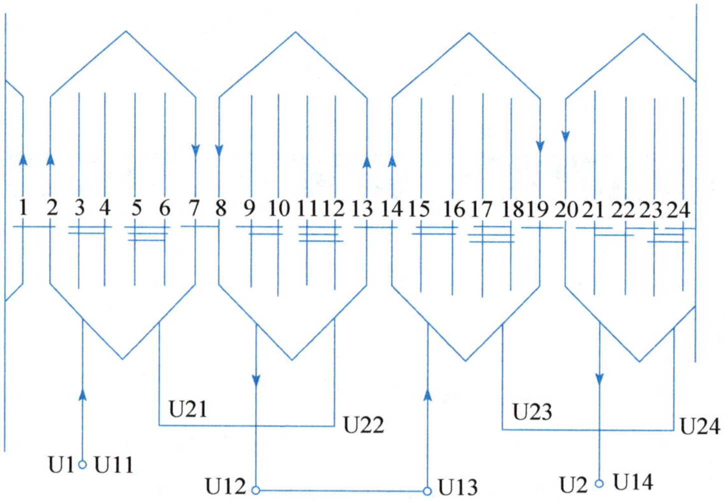

图 2－16　链式绕组

2）三相单层绕组的改进。

①链式绕组。

对于三相单层绕组，仿照上述画法可以画出分别与 U 相相差 120°的 V 相（第 5 槽开始）、相差 240°的 W 相（第 9 槽开始）的绕组展开图，从而得到三相对称绕组 U1U2、V1V2、W1W2。再根据铭牌要求，将引线联结成星形或三角形。注意在实际嵌线中，三相绕组并不是一相一相分开嵌线，而是三相连续地轮换嵌线。三相单层链式绕组展开图如图 2－17 所示。

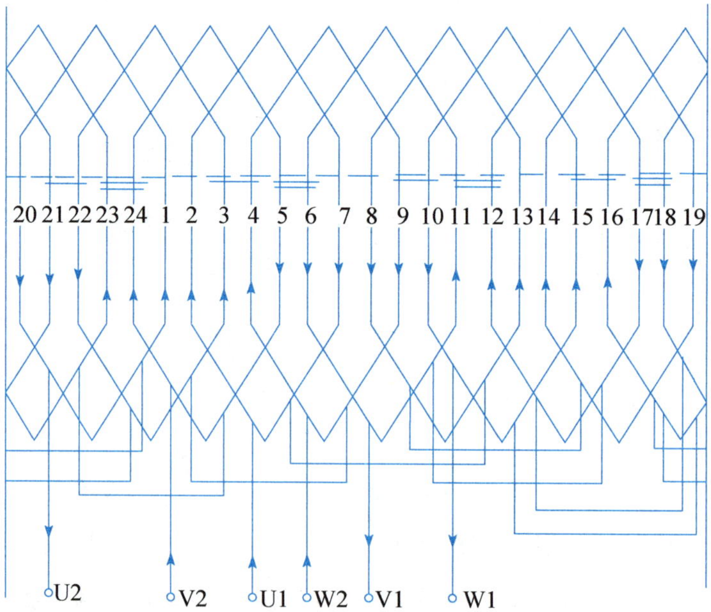

图 2－17　三相单层链式绕组展开图

②交叉式绕组。

设 $q=3$（如 $z_1=36$，$2p=4$，$m_1=3$），可将图 2－18（a）所示的单层整距叠绕组形式转化成图 2－18（b）所示的形式。图 2－18（b）的联结规律为一相绕组按“两大（$y=\tau-1$）一小（$y=\tau-2$）”顺序交错排列，这种绕组称为交叉式绕组。从电磁观点看，交叉式绕组与单层整距叠绕组是等效的，但前者比后者省端部联结线，散热好。因此，$p\geqslant2$，$q=3$ 的单层绕组常采用交叉式绕组。

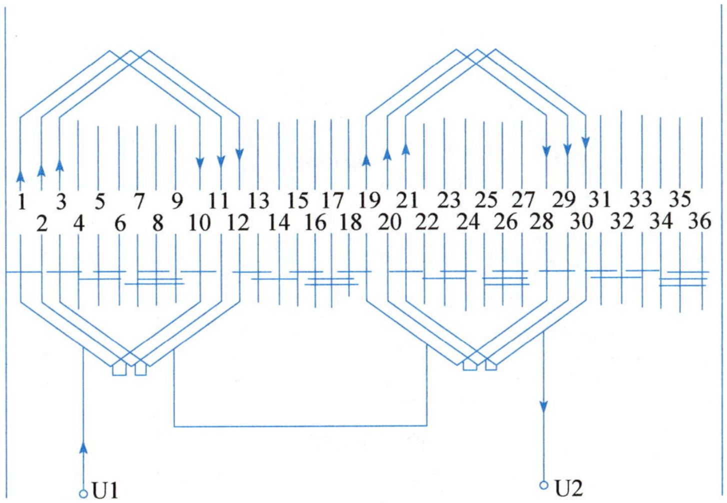

（a）整距叠绕组

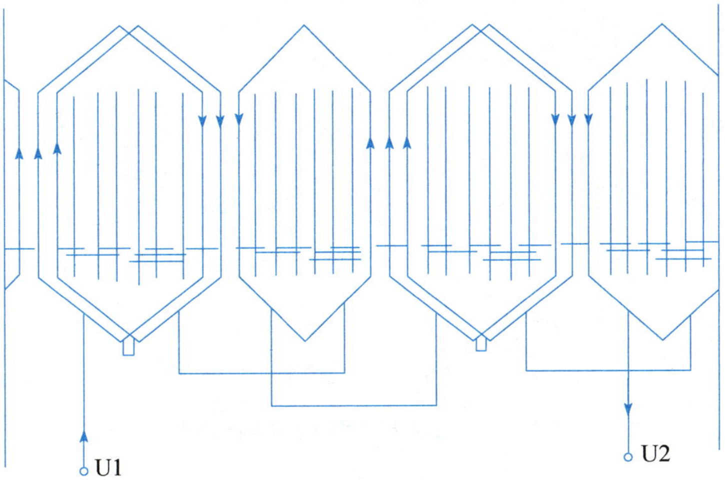

（b）交叉式绕组

图 2－18　三相单层绕组展开图

③同心式绕组。

设 $q=4$（如 $z_1=24$，$2p=2$，$m_1=3$），同样可以从图 2－19（a）所示的单层整距叠绕组形式转化成如图 2－19（b）所示的形式。图 2－19（b）所示的线圈轴线重合，故称为同心式绕组。在 $p=1$ 时，同心式绕组嵌线较方便。因此，$p=1$ 的单层绕组常采用同心式绕组。

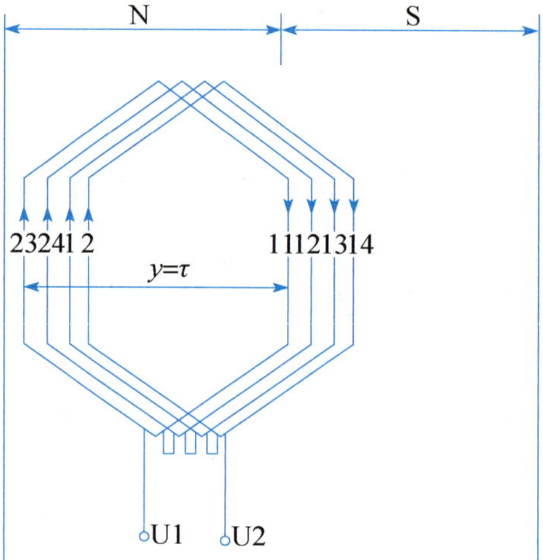

（a）整距叠绕组

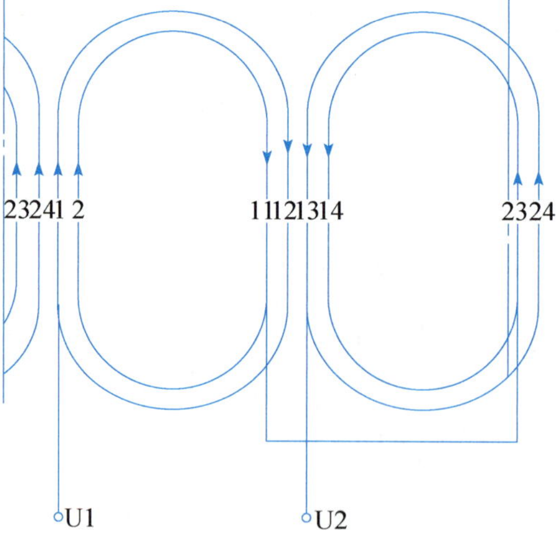

（b）同心式绕组

图 2－19　三相单层同心式绕组展开图

3）三相双层绕组。

三相双层绕组在每个槽内要安放两个不同线圈的线圈边。某线圈的一个有效边放在某槽的上层，另一个有效边放在相距 $y\approx\tau$ 的另一个槽的下层。所以三相双层绕组的总线圈数正好等于槽数。

现以 $z_1=24$，$2p=4$，$m_1=3$，$y=5$ 为例，讨论三相双层叠绕组的绕制规律。

①计算绕组相关数据。

$\tau=24/4=6$ 槽，$q=24/(3\times4)=2$ 槽，$y=5\tau/6=5$ 槽，即为短距绕组。

②划分相带。

画 24 对虚实线，以 $q=2$ 槽来划分，两对极共得到 12 个相带。

③画绕组展开图。

先画 U 相，线圈（$y=5$，上层边联结下层边）→线圈组（$q=2$）→U 相绕组（$a=1$），如图 2－20 所示。仿照上述方法可画出 V、W 相绕组展开图，然后再联结成星形或三角形，得到三相双层叠绕组。三相双层叠绕组每相共有 $2p$ 个线圈组。每相最大并联支路数 $a_{max}=2p=4$。

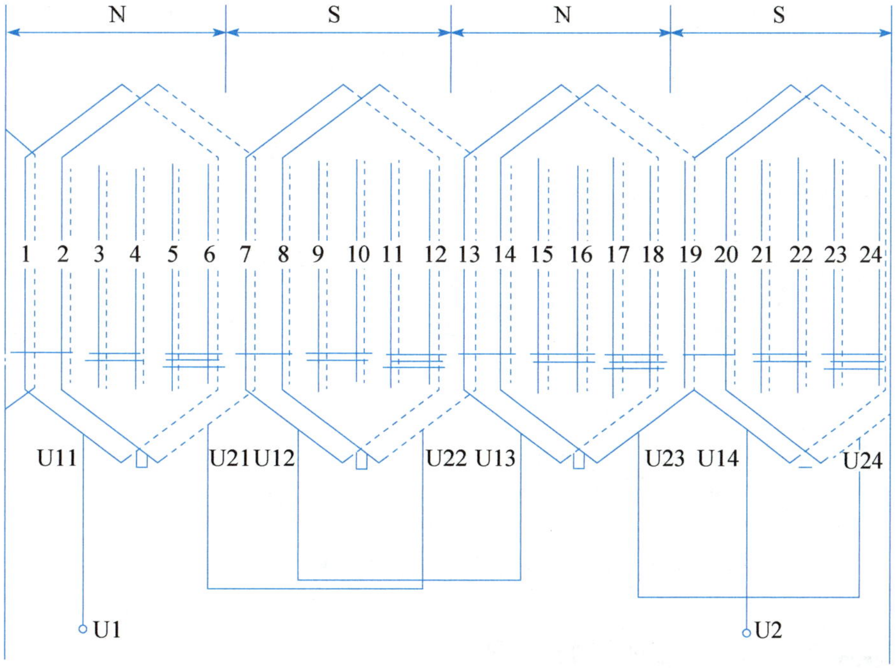

图 2－20　双层短距叠绕组 U 相绕组展开图

3. 定子绕组嵌线

（1）三相 4 极 36 槽单层交叉式定子绕组嵌线方法。

1）绕组展开分解图。

三相 4 极 36 槽单层交叉式绕组展开分解图如图 2－21 所示。

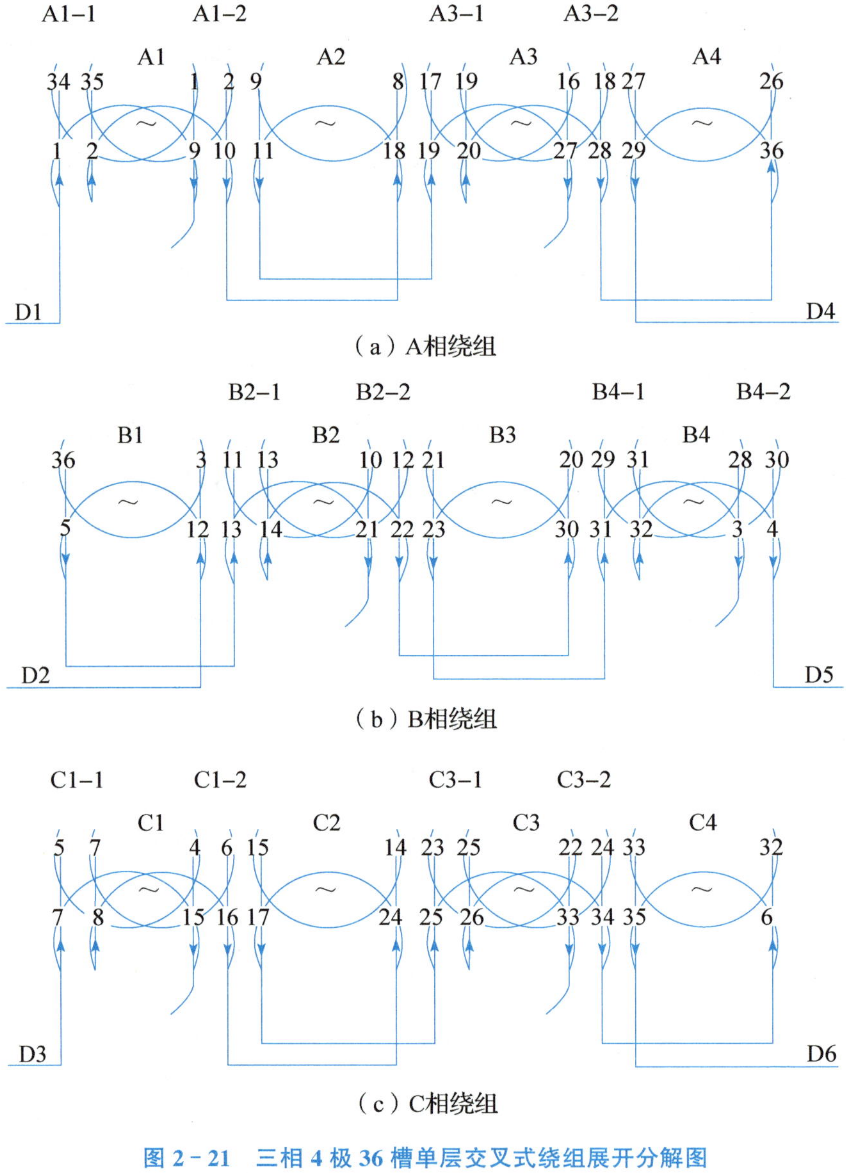

（a）A相绕组

（b）B相绕组

（c）C相绕组

图 2－21　三相 4 极 36 槽单层交叉式绕组展开分解图

电动机绕组绕制

2）线把的绕制和整理。

根据原电动机线把周长数据制好绕线模。三相 4 极 36 槽单层交叉式绕组每相绕组有 6 把线，自己动手制作绕线模，需要做 6 个模芯、7 个隔板的绕线模，模芯按照大模芯→大模芯→小模芯→大模芯→大模芯→小模芯的顺序制作。绕制线把时留出 300mm 做首端或尾端，绕制方向顺、逆均可，在绕制过程中绕向不能变化（三相的绕向相同）。绕制匝数依据原电动机匝数，一次绕出 6 个线把，最后尾端留出 300mm 长。

将每把线两边用绑带绑好，从绕线模上卸下来，把这 6 把线定作 A 相绕组。6 把线按绕线顺序（先绕的在左边，后绕的在右边）摆在桌子上，将每把线的过线端和两个线头分别绑上白布条，标上每把线的代号，从左边开始第 1 大把线标上 A1 - 1，A1 - 1 左边的首端标明 D1；第 2 大把线标明 A1 - 2；第 3 小把线标明 A2；第 4 大把线标明 A3 - 1；第 5 大把线标明 A3 - 2；第 6 小把线标明 A4，A4 左边线头尾端标明 D4。为了嵌线时不乱，将 A2、A3 - 1、A3 - 2 和 A4 摞在一起，两边用绑带绑好，外面只留 A1 - 1、A1 - 2 两把线。

用同样的方法绕出 6 把线，定作 B 相绕组，将每把线两边分别用绑带绑好，从绕线模上卸下来。按绕线顺序将 6 把线调转方向，也就是先绕的一把线放在右边，后绕的线把放在左边，6 把线平放在桌子上，将 B 相绕组的两个线头和每把线靠线头的端部系上白布条，分别标注每把线及两个线头的代号。从左边开始，第 1 小把线标明 B1，B1 外接线头首端标明 D2；第 2 把线标明 B2 - 1；第 3 把线标明 B2 - 2；第 4 把线标明 B3；第 5 把线标明 B4 - 1；第 6 把线标明 B4 - 2，B4 - 2 右边那根线头尾端标明 D5。为了使嵌线时不乱，将 B2 - 1、B2 - 2、B3、B4 - 1、B4 - 2 这 5 把线摞在一起，两边用绑带绑好，只留下 B1 一把线作开始嵌线用。

最后绕出 6 把线作为 C 相绕组，将线把两端用绑带绑好，从绕线模上卸下来，按绕线顺序将 6 把线摆放在桌子上，将线圈两端及两个线头上系上白布条。先绕的第 1 把线标明 C1 - 1，C1 - 1 左边的线头首端标明 D3；第 2 把线标明 C1 - 2；第 3 把线标明 C2；第 4 把线标明 C3 - 1；第 5 把线标明 C3 - 2；第 6 把线标明 C4，C4 左边线头尾端标明 D6。将 C2、C3 - 1、C3 - 2、C4 摞在一起，两边用绑带绑好。外面只留 C1 - 1、C1 - 2 两把线作开始嵌线时用。

3）嵌线前的准备工作。

选用与电动机一样规格的绝缘纸，按原尺寸一次裁出 36 个槽，放在一边待用；按原电动机相间尺寸一次裁制 36 块相同的绝缘纸叠放在一旁。将做槽楔的材料和嵌线用的划线板、压脚、剪刀、电工刀、锤子、打板等工具放在定子旁，将电动机定子出线口一端对着嵌线者，用两块木垫块垫在定子外壳两边，清除槽内杂物，擦干净油污后准备嵌线。

4）第 1 槽的确定。

嵌线前首先应确定好第 1 槽的位置，电动机定子铁心是圆的，第 1 槽没有标记，定哪个槽为第 1 槽都可以。若第 1 槽定得不合适，嵌完线后所引出的 6 根线头离出线口太远，这不仅浪费导线、套管，更重要的是影响引出线的绝缘性能和绕组的整齐美观。根据图2-21所示，嵌完整个绕组的每把线后，这6根线头分别从第29槽、第35槽、第1槽、第4槽、第7槽和第12槽中引出，在这6根线头中第29槽和第12槽的引出线为最远的两根引出线，如果将出线口设计得离第29槽太近，那么第12槽引出线就太长；如果将出线口设计得离第12槽太近，第29槽引出线又太长，正确的方法是将出线口的中心线设计在两根最远的引出线的中间槽上，从而推算出第1槽的位置。

两根最远的引出线的中间槽是第2槽，出线口的中心线放在第2槽最合适。从第2槽顺时针数过1个槽就定为第1槽，用笔做好标记。按这样的方法设计出第1槽，在嵌完整个绕组后，6根线头从出线口引出。这样引出线短，整个绕组既美观又整齐。

5）嵌线顺序。

在实际嵌线中，不是把A相绕组4个极相组的6把线嵌在所对应的定子槽内，再嵌B、C两相绕组，而是按A、B、C的顺序一个极相组挨着另一个极相组交替均匀嵌在36个槽内，顺序是：先按A、B、C顺序嵌第1个极相组，即嵌A相绕组的第1个极相组A1→嵌B相绕组的第1个极相组B1→嵌C相绕组的第1个极相组C1。再按A、B、C顺序分别嵌第2个极相组，即嵌A相绕组第2个极相组A2→嵌B相绕组第2个极相组B2→嵌C相绕组的第2个极相组C2。然后按A、B、C顺序分别嵌第3个极相组，即嵌A相绕组的第3个极相组A3→嵌B相绕组的第3个极相组B3→嵌C相绕组的第3个极相组C3。最后按A、B、C顺序分别嵌第4个极相组，即嵌A相绕组第4个极相组A4→嵌B相绕组第4个极相组B4→嵌C相绕组第4个极相组C4。

极相组的嵌线顺序为A1→B1→C1→A2→B2→C2→A3→B3→C3→A4→B4→C4。极相组B1、A2、C2、B3、A4、C4是由一把线组成的，极相组A1、C1、B2、A3、C3、B4是由两把线组成的，只有嵌完由两把线组成的极相组才能按顺序嵌另一个极相组，详细的嵌线顺序为A1-1→A1-2→B1→C1-1→C1-2→A2→B2-1→B2-2→C2→A3-1→A3-2→B3→C3-1→C3-2→A4→B4-1→B4-2→C4，在实际嵌线中每把线的两个边不是同时嵌进两个槽中，而是分两步嵌在所对应的槽中，一般先嵌每把线的右边，后嵌每把线的左边。在开始嵌线时为了使整个绕组编织出一样的花纹，必须空过A1、B1两个极相组左边不嵌，待最后嵌入所对应的槽中。

6）嵌线方法和步骤。

将展开图摆在定子旁的工作台上，每嵌1个极相组都要对着图，每嵌1把线都要对着图上端所标的嵌线顺序数字。按展开图定好第1槽后，从第1槽逆时针数到第9槽，将第9槽位置转到下面（离工作台面最近），这样嵌线方便，好操作。在以后的嵌线操作中，嵌哪槽的线，就将哪槽的位置转到下面，一边嵌线一边转动定子。从第 9 槽开始，转圈转动定子，整个绕组嵌完后，定子也正好转 1 周。具体嵌线步骤如下：

第 1 步将 A1－1 右边嵌在第 9 槽中，第 2 步将 A1－2 右边嵌在第 10 槽中，第 3 步将 B1 右边嵌在第 12 槽中，第 4 步将 C1－1 右边嵌在第 15 槽中，第 5 步将 C1－1 左边嵌在第 7 槽中，第 6 步将 C1－2 右边嵌在第 16 槽中，第 7 步将 C1－2 左边嵌在第 8 槽中，第 8 步将 A2 右边嵌在第 18 槽中，第 9 步将 A2 左边嵌在第 11 槽中，第 10 步将 B2－1 右边嵌在第 21 槽中，第 11 步将 B2－1 左边嵌在第 13 槽中，第 12 步将 B2－2 右边嵌在第 22 槽中，第 13 步将 B2－2 左边嵌在第 14 槽中，第 14 步将 C2 右边嵌在第 24 槽中，第 15 步将 C2 左边嵌在第 17 槽中，第 16 步将 A3－1 右边嵌在第 27 槽中，第 17 步将 A3－1 左边嵌在第 19 槽中，第 18 步将 A3－2 右边嵌在第 28 槽中，第 19 步将 A3－2 左边嵌在第 20 槽中，第 20 步将 B3 右边嵌在第 30 槽中，第 21 步将 B3 左边嵌在第 23 槽中，第 22 步将 C3－1 右边嵌在第 33 槽中，第 23 步将 C3－1 左边嵌在第 25 槽中，第 24 步将 C3－2 右边嵌在第 34 槽中，第 25 步将 C3－2 左边嵌在第 26 槽中，第 26 步将 A4 右边嵌在第 36 槽中，第 27 步将 A4 左边嵌在第 29 槽中，第 28 步将 B4－1 右边嵌在第 3 槽中，第 29 步将 B4－1 左边嵌在第 31 槽中，第 30 步将 B4－1 右边嵌在第 4 槽中，第 31 步将 B4－2 左边嵌在第 32 槽中，第 32 步将 C4 右边嵌在第 6 槽中，第 33 步将 C4 左边嵌在第 35 槽中，第 34 步将 A1－1 左边嵌在第 1 槽中，第 35 步将 A1－2 左边嵌在第 2 槽中，第 36 步将 B1 左边嵌在第 5 槽中。

（2）三相 4 极 24 槽单层链式定子绕组嵌线方法。

1）绕组展开分解图。

图 2－22 所示为三相 4 极 24 槽 5 节距单层链式定子绕组展开分解图。D1 代表 A 相绕组的头，D4 代表 A 相绕组的尾；D2 代表 B 相绕组的头，D5 代表 B 相绕组的尾；D3、D6 分别代表 C 相绕组的头和尾。从图 2－22 中可以看出，每相绕组由 4 个极相组组成，每个极相组由 1 把线组成，每把线的节距是 5，极相组与极相组采用头接头和尾接尾的方法联结。

2）线把的绕制与整理。

此电动机每相绕组共有 4 个极相组，每个极相组只有 1 把线，所以绕线时要绕完 4 把线（为一相绕组）后断开，标为 A 相绕组。按每把线的绕线顺序分别标为 A1、A3、A2、A4，A 相绕组的首端标为 D1，尾标为 D4。将 A 相绕组的 A2、A3、A4 摞在一起，两边绑好。外面只剩 A1 一把线，继续绕出 4 把线，定作 B 相绕组，按绕线顺序分别标为

B1、B2、B3、B4，B 相绕组的首端标为 D2，尾端标为 D5，将 B2、B3、B4 摞在一起，两边绑好。最后绕出 4 把线，标为 C 相绕组，按绕线顺序分别标清每把线的名称，C 相首端标为 D3，尾端标为 D6，将 C2、C3、C4 摞在一起，两边绑好，外面只留 C1 一把线。

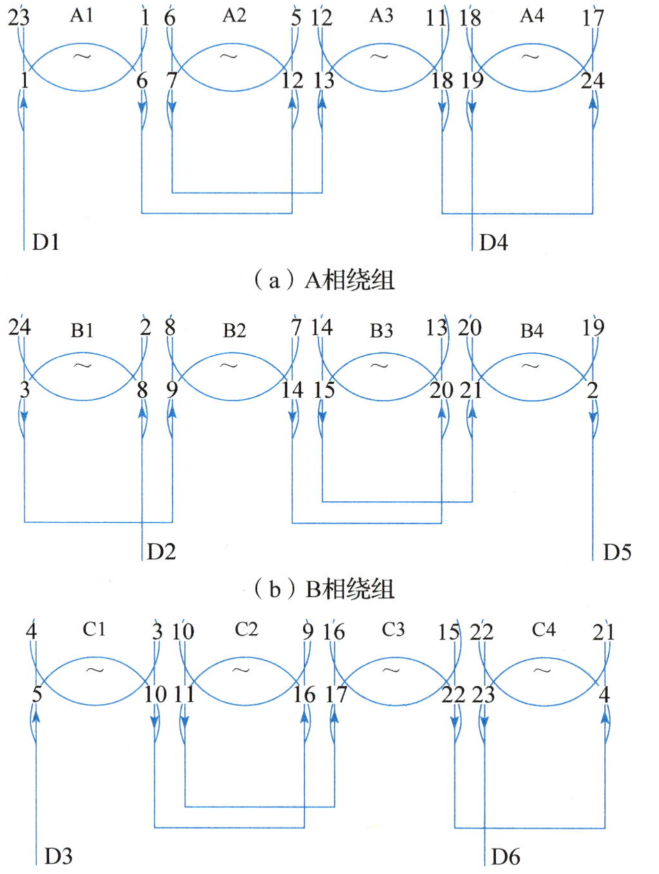

（a）A相绕组

（b）B相绕组

（c）C相绕组

图 2－22　三相 4 极 24 槽 5 节距单层链式定子绕组展开分解图

3）嵌线前的准备工作。

按原电动机尺寸和相间尺寸裁制 24 块槽绝缘纸和 24 块相间绝缘纸放在定子旁，再按槽绝缘纸的尺寸裁制几条作为引槽纸，将制作槽楔的材料及嵌线工具放在定子旁，准备嵌线。

4）第 1 槽的确定。

根据出线口的中心线在两根最远引出线的中间槽上的要求设计第 1 槽。由展开分解图可知，6 根引出线离得最远的是第 19 槽和第 8 槽，它们中间槽是第 1 槽，那么出线口的中心线就放在第 1 槽，并做好标记。

5）嵌线顺序。

嵌线顺序是 A1→B1→C1→A2→B2→C2→A3→B3→C3→A4→B4→C4，详细嵌线步骤按图 2－22 中线把上端所标数字进行。

6）嵌线方法和步骤。

将展开分解图放在电动机旁的工作台上。

第 1 步：将 A1 正向极相组摆放在定子铁心内，将右边嵌在第 6 槽中，A1 左边不嵌，将 A1 左边与铁心之间垫上绝缘纸，检查 A1 与 A2 的过线，若从第 6 槽引出，则 A1 嵌线正确。

第 2 步：左手拿起反向极相组的 B1，右手将 A2、A3、A4 从 B1 中掏出，放在定子旁。将 B1 右边空过 1 个槽嵌在第 8 槽中，左边空着不嵌，B1 嵌完后进行检查。若 D2 嵌在第 8 槽中，A2、A3、A4 从 B1 中掏出，则 B1 嵌线正确。在嵌 B1 的右边可以空过 1 个槽，这个槽是给极相组 A2 留的，每个极相组都由 1 把线组成，所以嵌线时每嵌 1 个极相组右边都空过 1 个槽。

第 3 步：左手拿起正向极相组的 C1，右手把 A2、A3、A4 和 B2、B3、B4 从 C1 中掏出放在一旁，将 C1 右边空过 1 个槽，嵌在第 10 槽中。

第 4 步：将 C1 左边嵌在第 5 槽中，C1 嵌完后进行检查。若 D3 嵌在第 5 槽中，C1 与 C2 过线从第 10 槽中引出，A2、A3、A4 和 B2、B3、B4 从 C1 中掏出，则 C1 嵌线、掏把正确。检查无误后在 C1 与 B1 两端之间垫上相间绝缘纸。

第 5 步：从 A 相绕组中解下 A2，把 A3、A4 绑在一起，左手拿起反向极相组 A2，右手把 B2、B3、B4 和 C2、C3、C4 从 A2 中掏出，放在定子旁，将 A2 右边空过 1 个槽，嵌在第 12 槽中。

第 6 步：将 A2 左边嵌在第 7 槽中，A2 嵌完后进行检查。若 A2 与 A1 过线是第 6 槽引出线连着第 12 槽引出线，A2 与 A3 过线从第 7 槽中引出，B2、B3、B4 和 C2、C3、C4 从 A2 中掏出，则 A2 嵌线、掏把正确。检查无误后在 A2 与 C1 两端之间垫上相间绝缘纸。

第 7 步：左手拿起正向极向组的 B2，右手从 B2 中掏出 A3、A4 和 C2、C3、C4 放在一旁，将 B2 右边空过 1 个槽，嵌在第 14 槽中。

第 8 步：将 B2 的左边嵌在第 9 槽中，B2 嵌完后进行检查。若 B1 与 B2 过线从 B1 左边嵌入第 9 槽，B2 与 B3 的过线从第 14 槽中引出，A3、A4 和 C2、C3、C4 从 B2 中掏出，则 B2 嵌线正确。检查无误后在 B2 与 A2 两端之间垫上相间绝缘纸。

第 9 步：左手拿起反向极相组的 C2，右手从 C2 中掏出 B3、B4 和 A3、A4，将 C2 右边空过 1 个槽，嵌在第 16 槽中。

第 10 步：将 C2 左边嵌在第 11 槽中，C2 嵌完后进行检查。若 C1 与 C2 过线是第 10 槽引出线与第 16 槽引出线相连，C2 与 C3 过线从第 11 槽中引出，A3、A4 和 B3、B4 从 C2 中掏出，则 C2 嵌线正确。检查无误后在 C2 与 B2 两端之间垫上相间绝缘纸。

第 11 步：左手拿起正向极相组的 A3，右手从 A3 中掏出 B3、B4 和 C3、C4 放在一旁，将 A3 右边空过 1 个槽，嵌在第 18 槽中。

第 12 步：将 A3 左边嵌在第 13 槽中，嵌完 A3 后进行检查。若 A2 与 A3 的过线是第 7 槽引出线连着第 13 槽引出线，A3 与 A4 的过线从第 18 槽中引出，B3、B4 和 C3、C4 从 A3 中掏出，则 A3 嵌线、掏把正确。检查无误后，将相间绝缘纸垫在 A3 与 C2 两端之间，A3 嵌线结束。

第 13 步：左手拿起反向极相组的 B3，右手将 A4 和 C3、C4 从 B3 中掏出，将 B3 右边空过 1 个槽，嵌在第 20 槽中。

第 14 步：将 B3 左边嵌在第 15 槽中，B3 嵌完后进行检查。B2 与 B3 的过线是第 14 槽引出线与第 20 槽引出线相连，B3 与 B4 过线从第 15 槽中引出，A4 和 C3、C4 从 B3 中掏出，则 B3 嵌线、掏把正确。检查无误后，在 B3 与 A3 两端之间垫上相间绝缘纸。

第 15 步：左手拿起正向极相组的 C3，右手将 A4、B4 从 C3 中掏出放在一旁，将 C3 右边空过 1 个槽，嵌在第 22 槽中。

第 16 步：将 C3 左边嵌在第 17 槽中，C3 嵌完后进行检查。若 C2 与 C3 的过线是第 11 槽引出线与第 17 槽引出线相连，C3 与 C4 过线从第 22 槽中引出，A4 和 B4 从 C3 中掏出，则 C3 嵌线、掏把正确。检查无误后，在 B3 与 C3 两端之间垫上相间绝缘纸，C3 嵌线结束。

第 17 步：左手拿起反向极相组的 A4，右手将 B4 和 C4 从 A4 中掏出，放在定子旁，将 A4 右边空过 1 个槽，嵌在第 24 槽中。

第 18 步：将 A4 左边嵌在第 19 槽中。嵌完 A4 后进行检查。若 A3 与 A4 的过线是 18 槽引出线连着第 24 槽引出线，D4 从第 19 槽中引出，B4 和 C4 从 A4 中掏出，则 A4 嵌线、掏把正确。检查无误后，在 A4 与 C3 两端之间垫上相间绝缘纸。

第 19 步：左手拿起正向极相组 B4，右手将 C4 从 B4 中掏出，B4 右边空过 1 个槽，嵌在第 2 槽中。

第 20 步：将 B4 左边嵌在第 21 槽，B4 嵌完后进行检查。若 B3 与 B4 的过线是第 15 槽引出线连着第 21 槽引出线，D5 从第 2 槽中引出，C4 从 B4 中掏出，则 B4 嵌线、掏把正确。检查无误后，在 A4 与 B4 两端之间垫上相间绝缘纸。

第 21 步：拿起反向极相组 C4，将 C4 右边空过 1 个槽，嵌在第 4 槽中。

第 22 步：将 C4 左边嵌在第 23 槽中，C4 嵌完后进行检查。若 C3 与 C4 的过线是第 22 槽引出线与第 4 槽引出线相连，D6 从第 23 槽中引出，则 C4 嵌线正确。检查无误后，在 C4 与 B4 两端之间垫上相间绝缘纸。C 相绕组嵌线结束。

第 23 步：将 A1 左边嵌在第 1 槽中，A1 嵌完后进行检查。若 D1 从第 1 槽中引出，则 A1 嵌线正确，在 A1 与 C4 两端之间垫上相间绝缘纸。A 相绕组嵌线结束。

第 24 步：将 B1 左边嵌在第 3 槽中。B1 嵌完后进行检查。若 B1 与 B2 过线是第 3 槽引出线与第 9 槽引出线相连，则 B1 嵌线正确。在 B1 与 A1 两端之间垫上相间绝缘纸。B 相绕组嵌线结束。

三、电动机的检修

1. 定子绕组的局部修理

（1）定子绕组断路故障的检查和维修。

电动机定子绕组发生断路故障后，只要不是由匝间短路、绕组接地等造成绕组严重烧焦，一般均可找到断路点进行局部维修。实践证明，断路故障大多数发生在绕组端部、线圈始端以及绕组与引接电缆连接处。由于绕组端部伸在铁心外面，导线易被碰断，或由于接线头焊接不良，长期运行后脱焊，造成绕组端部断路。因此，发生断路故障后，应先检查绕组端部，找出断路点后，重新连接、焊牢、包上相应的绝缘材料，再涂上绝缘漆。

检查电动机定子绕组断路故障时，一般用万用表（低阻挡）或校验灯。若绕组为星形联结，应分别测量每相绕组，断路时万用表没有示数或校验灯不亮。若绕组为三角形联结，需将三相绕组的接线头拆开，再分别测量每相绕组。断路时，万用表没有示数或校验灯不亮。

功率较大的电动机绕组，大多数采用多根导线并绕或多路并联，若其中一根（或几根）导线断开或某个支路断路，可采用以下两种检测方法。

1）电流平衡法。

对于星形联结的电动机，可将三相绕组并联后，通入低电压、大电流的交流电（一般可用单相交流弧焊机），如果三相电流相差 5%以上，则电流小的一相为断路相，然后将断路相的并联支路拆开，逐路检查，万用表没有示数或校验灯不亮的即为断路支路。

对于三角形联结的电动机，先将定子绕组的一个接线头拆开，再逐相通入低电压、大电流的交流电，测量其电流，电流小的一相为断路相，然后将断路相的并联支路拆开，逐路检查，找出断路支路。

2）电阻法。

用双臂电桥测量三相绕组的电阻，若三相电阻值相差5%以上，电阻值较大的一相绕组可能有断路故障。

（2）定子绕组短路故障的检测和维修。

定子绕组的短路故障主要有匝间短路和相间短路。

1）匝间短路。

兆欧表的使用

在正常情况下，导线表面都有绝缘层，所以匝与匝之间是绝缘的。电流只能按规定的途径一匝一匝地通过，也就是说线圈内部的各个线匝是串联的。线圈中相邻的两个线匝因绝缘层破裂而短路，称为匝间短路。由于短路线匝的电阻很小，因此在闭合回路中会产生很大的电流，从而将这一线匝或几组线匝烧焦。

2）相间短路。

三相绕组之间因绝缘损坏而造成的短路称为相间短路。相间短路会产生很大的短路电流，在短路处产生高热，熔断导线。

3）检查和维修。

检查定子绕组匝间短路和相间短路的方法有以下几种。

①用兆欧表或万用表测量相间绝缘电阻值，如果绝缘电阻值很低，说明这两相绕组短路。

②用电流平衡法，分别测量三相绕组电流，电流大的一相为短路相。

③用双臂电桥测量三相绕组的电阻值，电阻值较小的一相为短路相。

④用短路侦察器检查。

短路侦察器是利用变压器原理来检查绕组匝间短路的。短路侦察器用一个开口铁心作为槽口，沿着铁心内圈逐槽移动，当它经过短路绕组时，短路绕组成为变压器的二次绕组。若在短路侦察器绕组中串联一个电流表，则电流表会指示出较大的电流。如果没有适合的电流表，也可用0.5mm厚的钢片或旧锯条放在被测绕组的另一个线圈边所在的槽口上面，若被测绕组短路，则钢片会产生振动。

对于多路并联的绕组，必须把各支路拆开，才能用短路侦察器测试，否则绕组支路中有环流，无法分清哪个槽的绕组是短路的。

如果短路点在槽内，则将该槽绕组加热软化后翻出，换上新的槽绝缘纸，将导线的短路部位用绝缘材料包好，然后重新嵌入槽内，再按上述方法进行检查。如果短路的匝数很少，只占每相总串联匝数的 1/12 以下，为了应急，可将短路线圈一端切断，用跨接法把短路线圈两边完好的线圈重新接通，注意一定要切断短路线圈的全部导线，使之不能成为闭合回路，并妥善绝缘，以免重新接通。如果线圈损伤太多，包上新绝缘材料后，导线无法嵌入槽内，或切断的匝数超过总串联匝数 1/12 以上，应拆下重绕。

（3）定子绕组接地故障的检修。

异步电动机长期过载运行、定子与转子摩擦、振动过大、受潮、雷击等，都会引起绝缘能力降低、老化或机械损伤，从而导致定子绕组接地故障；更换电动机定子绕组时，若槽绝缘纸被损坏或未垫好，也会导致定子绕组接地故障。

检查定子绕组接地故障的方法很多，下面介绍用万用表或校验灯检查的方法。

用万用表的低阻挡或 40W、220V 的校验灯检查，如果电阻值较小或校验灯暗红，则表示绕组严重受潮，应进行烘干处理。烘干后，根据电动机的额定电压，分别用 500V、1 000V 或 2 500V 兆欧表逐相测量定子绕组的绝缘电阻，其阻值应大于用下面公式所求的值

$$R=\frac{U_1}{1\,000+P_N/100} \tag{2-6}$$

式中，R 为电动机定子绕组的绝缘电阻，单位为 MΩ；U_1 为电动机定子绕组的额定电压，单位为 V；P_N 为电动机的额定功率，单位为 kW。

如果烘干后绝缘电阻仍达不到要求，则说明定子绕组的绝缘已受损。若绝缘电阻值为零或校验灯发亮，则说明定子绕组接地。

用上面的方法检查后还要把电动机拆开，先用肉眼观察接地定子绕组的绝缘纸，如发现某处有焦痕，则此处为接地点。如找不到破裂处或焦痕点，再用校验灯检查，这时接地点可能冒烟或有火花产生。如果有条件，可将接地定子绕组接单相调压器，将电压逐渐升高到 500～1 000V 时，接地点有明显跳火。若没有单相调压器，也可以用 500 或 1 000V 的兆欧表检查。

如果用上面几种方法检查后仍不能找出接地点，那么接地点可能在槽内。这时需要把该相定子绕组极相之间的联结线剪断，分组逐级检查。经验表明，接地点一般都在定子绕组伸出槽口的地方。

排除定子绕组接地故障时，应仔细检查绝缘损伤的情况，除绝缘已经老化外，一般

都可以局部修补。如接地点在定子绕组伸出槽口的地方，且只有少数导线损坏，或只是个别地方绝缘纸没有垫好，则可将定子绕组稍微加热，待绝缘纸软化后，用工具将定子绕组撬开，垫入适当的绝缘纸，或将导线局部包扎后，涂上干绝缘漆。如果接地点在槽内，一般应更换绕组。

2. 定子绕组接线错误与嵌反的检查

定子绕组接线错误或嵌反后，通电时定子绕组中电流反向，导致电动机无法正常运行。由于电动机磁场不平衡，会引起电动机剧烈振动，发出噪声，三相电流严重不平衡，温度升高，转速降低甚至不转。如不及时切断电源，就有可能烧毁电动机的定子绕组。

定子绕组接线接错与嵌反一般有两种情况：一种是三相绕组首、尾端接反；另一种是绕组内部个别线圈或极相绕组接错或嵌反。

（1）三相绕组首、尾端接反的检查方法。

检查三相绕组首、尾端是否接反，可用下面两种方法。

1）用两节干电池和一只白炽灯串联，一端和电动机绕组的任意一个出线端相连，如白炽灯亮，表示这两个出线端属于同一相。用同样的方法分清其他两相绕组的出线端。然后将任意两相绕组和白炽灯串联，将第三相绕组的一个出线端接在干电池的负极上，另一个出线端接触干电池的正极，若白炽灯亮，表示白炽灯相连的两个出线端，一个是第一相的首端，另一个是第二相的尾端。若白炽灯不亮，则表示与白炽灯相连的两个出线端分别是这两相的首端（或都是尾端），接着将已经分清首、尾端的一相绕组与第三相串联，再用同样的方法判断第三相的首、尾端。

上述方法称为绕组串联法，它是利用电磁感应原理来检查的。当第三相绕组突然接通电源时绕组内部会产生感应电动势，同时在另外两相绕组中也会产生感应电动势。当这两相绕组首、尾端相连时，白炽灯上的电压是这两相绕组中感应电动势之和，故白炽灯亮。反之，这两相绕组首端与首端相连（或尾端与尾端相连），则接在白炽灯上的电压是这两相绕组中感应电动势之差，正好抵消，白炽灯就不亮。由于感应电动势是在电源接通的一瞬间产生的，因此观察时要特别注意。如果电动机绕组的阻抗较大，或白炽灯与干电池配合不当，以致白炽灯的亮度不够而不易观察时，可用 4 000Ω 左右的耳机或扬声器来代替白炽灯。

2）用万用表的毫安挡检查时，转动电动机的转子，如果万用表指针不动，说明三相绕组首、尾端的联结是对的。因为转子铁心中的剩磁在三相绕组中产生的感应电动势的矢量和等于零，因此 $i=0$。

（2）绕组内部个别线圈或极相绕组接错或嵌反的检查方法。

将低压直流电源（一般用蓄电池）通入某相绕组，用指南针沿着定子铁心内圈移动，逐槽检查，当指南针经过各极相绕组时，指针的方向交替变化，表明接线正确；当经过相邻的极相绕组时指南针的指向不变，表示极相绕组接错。如果一个极相绕组中个别线圈嵌反，则在本极相绕组范围内，指南针的指向会交替变化。这时可把绕组故障部分的联结线加以纠正。如指南针的指向变化不明显，则应提高电源电压，再进行检查。

3. 鼠笼型转子断笼的修理

铸铝转子常见的故障是断笼，主要是铸铝质量不好或使用不当（如经常正反转起动与过载）等原因造成的。断笼包括断条和断环：断条是指笼条中一根或数根断裂（或有严重气泡），断环是指端环中一处或几处裂开。断笼后，电动机虽能空转，但起动转矩和额定转矩均降低很多。这时如果测量三相绕组电流，就会发现电流表指针来回摆动，还伴有噪声。发现这种情况后应将转子取出检验，若运行时间较长，在断条槽口处可能会出现小黑洞。若目测不易发现，则可用短路侦察器检查。

鼠笼型转子断笼的修理方法有以下几种。

（1）焊接法。

将导条或端环的裂口扩大，然后把转子加热到 450℃左右，再以由锡（63%）、锌（33%）和铝（4%）组成的焊料补焊。

（2）冷接法。

在裂口处用一只与槽宽相近的钻头钻孔，攻丝后拧上一个铝螺钉，再用车床或铲刀除掉螺钉的多余部分。

（3）换条法。

对于铸铝转子，将原有的端环用车床重新加工，用夹具夹住转子铁心，浸入浓度为 60%的工业烧碱溶液中，经过 6～7h，可以将铝导条腐蚀掉（若将烧碱溶液加热到 100℃，腐蚀速度可加快）。铝熔化后的转子立即用水清洗，再投入清水中煮沸 1～2h 后取出烘干。也可将转子直接加热到 700℃左右，将铝导条全部熔掉并清理干净。

对于铜条转子，将截面积等于转子槽型面积 70%左右的铜导条插入槽内，铜导条必须顶住槽口和槽底、无活动间隙；铜导条两端伸出槽口 20～30mm，再将车好的端环按转子槽口位置对应钻孔，套在铜导条上，铜导条与端环之间用银焊或磷铜焊焊牢。对于小型电动机，可把伸出槽口的铜导条打弯，然后用银焊或磷铜焊将转子两端的铜导条熔成整体即成端环，最后将其车光。

4. 三相异步电动机的故障特点和维护处理

（1）故障特点及分析方法。

三相异步电动机的故障可分为两大类：一类是电磁方面的故障，大多发生于绕组，如绝缘损坏、导体及其回路接触不良、断线、短路及接线错误等；另一类是机械方面的故障，如轴承、端盖、铁心等零部件松动、磨损、变形、断裂及润滑不良等。区分这两类故障，一般可以采取以下方法：当电动机通电运行时故障现象存在，切断电源后故障现象仍然存在，说明是机械方面的故障；若切断电源后故障现象消失，就说明是电磁方面的故障。分析电动机故障，一般应做下列工作：

1）了解电动机的结构和安装运行的历史资料，查阅故障发生前后的运行情况。

2）检查机械零部件的状况，如机座、端盖是否破裂，转轴是否弯曲，风扇是否损坏等。

3）检查轴承状况。将转轴上下左右摇动，如有较大松动或窜动，表示轴承有问题。用力转动转子，看其转动是否灵活，有无卡涩现象。

4）检查绕组绝缘情况。可用兆欧表测量绕组绝缘电阻，以判断是否有接地、断路或相间短路故障。

5）经过上述检查未发现重大问题时，可将电动机通电运行，进一步观察故障现象。如出现开关跳闸、熔断器熔断、内部打火、绕组冒烟并有焦臭味、发出“嗡嗡”声、转动缓慢甚至不能起动时，应及时切断电源，先检查外部接线是否有短路和断路故障，确认电源电压、频率与电动机的额定电压、额定频率是否一致。若无问题，则表示电动机内部有故障，需拆开进行检查。

电动机机械原因可能引起电磁故障，电磁原因也可能诱发机械故障。因此，电动机发生故障时，要了解全过程，仔细观察出现的故障现象，测量有关数据，然后进行综合分析，确定故障原因，找出故障部位。

（2）运行中的监视与维护。

电动机在运行中，应定期巡视。注意监视电压、电流、温度、声音及气味等的变化。具体监视项目如下：

1）监视电压、电流是否在允许范围内，注意三相电压、电流是否平衡。如果没有装电流表，可用钳形电流表测量。

2）注意轴承运转情况。对于油环式轴承，应观察油环是否转动，油位是否正常，轴承最高温度应不超过 80℃。对于滚动轴承，应观察有无油脂外溢及颜色变化，听响声是否正常，轴承最高温度应不超过 95℃。

3）观察电刷有无冒火、缺角（边）、卡死、铜辫外露、弹簧脱离等现象，并确认电刷防护罩完好。

4）检查冷却空气是否畅通，密切监视电动机的温度。对未装测温装置的电动机，可用手感凭经验估测其温度：手摸电动机外壳觉得很烫，但能继续放在上面几秒，电动机一般不会过热；若手烫得立刻缩回来，且小水滴滴上去发出“嗞嗞”声，很快蒸发掉，则电动机过热。这时可用温度计或电阻法测量电动机温度，以确定电动机能否继续运行。

5）保持电动机及周围环境的整洁，电动机周围不得有杂物、水、油等，以防杂物落入电动机内。应定期擦拭电动机。

6）检查机组有无大的振动及异声，闻电动机有无绝缘击穿后的焦臭味，观察电动机内部有无火花。

（3）常见故障及处理方法。

电动机常见故障及处理方法见表 2-2。

表 2-2　电动机常见故障及处理方法

故障现象	产生原因	处理方法
不能起动	a. 定子绕组相间短路、断路、接地以及转子绕组短路； b. 定子绕组接线错误； c. 负载过重； d. 轴承损坏或有异物卡住	a. 查找断路、短路、接地的部位，进行修复； b. 查找定子绕组错误的接线，加以纠正； c. 减轻负载； d. 更换轴承或清除异物
起动后无力、转速较低	a. 定子绕组断路； b. 定子绕组接线错误； c. 鼠笼型转子断条或断环； d. 绕线型转子绕组一相断路； e. 集电环或电刷接触不良	a. 查找断路的部位，进行修复； b. 检查定子绕组接线，加以纠正； c. 更换铸铝转子或更换、补焊铜导条与端环； d. 查找断路处，进行修复； e. 清理与修理集电环，调整电刷压力或更换电刷
运转声音不正常	a. 定子绕组局部短路或接地； b. 定子绕组接线错误； c. 定子、转子绕组相摩擦； d. 轴承损坏或润滑脂干涸	a. 查找断路或接地的部位，进行修复； b. 检查定子绕组接线，加以纠正； c. 检查定子、转子绕组摩擦的原因及铁心是否松动，并进行修复； d. 更换轴承或润滑脂

续表

故障现象	产生原因	处理方法
过热或冒烟	a. 电动机过载； b. 电源电压较电动机的额定电压过高或过低； c. 定子铁心部分硅钢片之间绝缘不良或有毛刺； d. 由于转子在运转时与定子摩擦致使定子局部过热； e. 电动机的通风不好； f. 电动机周围环境温度过高； g. 定子绕组有短路或接地故障； h. 重绕线圈后的电动机接线错误或绕制线圈时匝数错误； i. 运转中的电动机一相断路，如电源断一相或电动机绕组断一相	a. 应降低负载或换一台容量较大的电动机； b. 应调整电源电压，允许波动范围为±5%； c. 拆开电机，检修定子铁心； d. 拆开电动机，抽出转子，检查铁心是否变形，转轴是否弯曲，端盖是否过松，轴承是否磨损； e. 应检查风扇旋转方向，风扇是否脱落，通风孔道是否堵塞； f. 应换以 B 级或 F 级绝缘的电动机，或采用管道通风； g. 拆开电动机，抽出转子，用电桥测量各相绕组或各线圈的直流电阻，或用兆欧表测量对机壳的绝缘电阻，局部或全部更换线圈； h. 按正确接法改正或重新接线； i. 分别检查电源和电动机绕组
起动时保护装置动作	a. 被拖动的机械有故障； b. 电动机或线路短路； c. 保护装置动作电流过小或动作时限过短； d. 集电环直接短路	a. 将机械故障排除； b. 找出短路点并修复； c. 适当调大动作电流或延长动作时限； d. 将变阻器串入集电环
空载损耗变大	a. 滚动轴承的装配不良，润滑脂的牌号不适合或装得过多； b. 滑动轴承与转轴之间的摩擦阻力过大； c. 电动机的风扇或通风管有故障	a. 调整或更换润滑脂； b. 调整轴颈和轴承的间隙，或者更换润滑油； c. 更换合适的风扇，或者清除风道里的污垢
轴承过热	a. 轴承损坏或内有异物； b. 润滑脂过多或过少，牌号选用不当或质量差； c. 轴承装配不良； d. 转轴弯曲	a. 更换轴承或清除异物； b. 调整或更换润滑脂； c. 检查轴承或转轴、轴承与端盖的配合状况，进行调整或修复； d. 检查转轴弯曲状况，进行修复或调换
绕线式电动机集电环火花过大	a. 集电环上有污垢； b. 电刷型号或尺寸不符合要求； c. 电刷的压力太小、电刷卡住或放置不正	a. 清除污垢，灼痕严重或凹凸不平时应进行表面机械加工； b. 更换合适的电刷； c. 调整电刷压力，更换大小适当的电刷或把电刷放正

续表

故障现象	产生原因	处理方法
外壳带电	a. 接地不良； b. 绕组绝缘损坏； c. 绕组受潮； d. 接线板损坏或污垢太多	a. 检查故障原因，并采取相应的措施； b. 检查绝缘损毁的部位，进行修复，并进行绝缘处理； c. 测量绕组绝缘电阻，如阻值太低，应进行干燥处理或绝缘处理； d. 更换或清理接线板

四、电动机的选型

1. 根据被拖动负载的种类、特性与要求选择

为防止电动机因选配不当而发生故障或损坏，在选定电动机时必须详细了解被拖动负载的种类、特性和要求，然后尽可能去选择满足这些特性和要求的电动机。

（1）被拖动负载应考虑的主要事项。

1）被拖动负载的类型。

2）被拖动负载所需的功率。

3）被拖动负载所需的转速。

4）被拖动负载的转速—转矩特性。

5）被拖动负载是否需要进行转速调节（有级变速、无级变速等）。

6）被拖动负载转动惯量的大小。

7）被拖动负载要求的起动方式（手动、自动及遥控等）。

8）被拖动负载的制动方式（一般制动、快速制动等）。

9）被拖动负载的工作制（连续、短时、断续、变负载工作制等）。

10）被拖动负载是否需要可逆运转。

11）被拖动负载的安装型式。

12）工作时的环境条件（温度、湿度高低，有无腐蚀、爆炸性气体和液体，有无滴水和粉尘等）。

（2）电动机的技术要求。

当根据被拖动负载以上的要求去选择确定电动机时，需考虑电动机以下的技术要求：

1）电动机的类型。

2）电动机的额定功率。

3）电动机的额定电压、相数及频率。

4）电动机的额定转速。

5）电动机的起动转矩及最大转矩。

6）电动机的转速—转矩特性。

7）电动机的工作定额（连续、短时、断续定额等）。

8）电动机能否进行转速调节。

9）电动机的绝缘等级。

10）电动机的外壳防护型式。

11）电动机轴伸中心高及轴伸尺寸。

12）电动机的安装型式（分卧式、立式和凸缘式等）。

13）供电电源容量。

14）电动机所使用的起动和控制设备。

15）相关附件（如安装用底座等）。

选择电动机的步骤和内容主要有：应从被拖动负载的具体要求出发，并考虑使用场所的电源、工作环境、防护等级，以及电动机的功率因数、效率、过载能力、安装方式、传动设备、产品价格、运行和维护费用等情况来选择具备相应电气性能和机械性能的电动机，使被选定的电动机能安全、经济、节能地运行。

2. 电动机功率和扭矩的选择

选择电动机的过程中，其功率的确定极为重要，如果电动机的功率选得过大，不仅会使设备投资费用增加，还会因电动机长期轻载运行而使其功率因数和效率降低；相反，若电动机的功率选得过小，电动机将经常过载运行，导致温升增加、绝缘老化、使用寿命缩短，此外，还有可能出现起动困难和经受不住冲击性负载等情况。因此，必须慎重权衡、正确合理地选择电动机的功率。

方法一：通过公式计算所需的电动机功率。

（1）对于连续定额电动机，如果知道负载的功率即生产机械轴上的功率P_1(kW)。可按下式计算所需的电动机功率P(kW)：

$$P=\frac{P_1}{\eta_1\eta_2} \tag{2-7}$$

式中，η_1为生产机械的效率；η_2为电动机的效率，即传动效率。

按式（2-7）求出的功率，由于效率不一定十分精确，机械能等损失存在一定的变数，因此，所选电动机的额定功率应等于或稍大于计算所得的功率。

例 2-3 某生产机械的功率为 3.95kW，机械效率为 0.7，如果选用效率为 0.8 的电动机，试求该电动机的功率。

解 $P=\frac{P_1}{\eta_1\eta_2}=\frac{3.95}{0.7\times0.8}\text{kW}=7.1\text{kW}$

由于没有 7.1kW 这一规格，所以选用 7.5kW 的三相异步电动机。

（2）对于短时定额电动机，其与功率相同的连续定额电动机相比，重量轻，最大转矩大，价格低。因此，在条件许可时，应尽量选用短时定额 S2 工作制的三相异步电动机。功率大小的选择也可参考式（2-7），应略大于或等于计算功率。

（3）对于断续定额 S3 工作制的三相异步电动机，功率要根据负载持续率的大小选择。负载持续率 $F_s\%$的计算公式为

$$F_s\%=\frac{t_g}{t_g+t_0}\times100\% \qquad (2-8)$$

式中，t_g 为工作时间，单位为 min；t_0 为停止时间，单位为 min；t_g+t_0 为工作周期，单位为 min。

方法二：用类比法来选择三相异步电动机的功率。

类比法是指与类似生产机械所用三相异步电动机的功率进行对比。

具体做法是：了解本单位或附近其他单位的类似生产机械使用多大功率的电动机，然后选用相近功率的电动机进行试车，试车的目的是验证所选电动机与生产机械是否匹配。验证的方法是：使电动机带动生产机械运转，用钳形电流表测量三相异步电动机的工作电流，将测得的电流结果与该电动机铭牌上标出的额定电流进行对比。

（1）如果电动机的实际工作电流与铭牌上标出的额定电流相差不大，则表明所选电动机的功率合适。

（2）如果电动机的实际工作电流比铭牌上标出的额定电流低 70%左右，则表明电动机的功率选得过大，应更换功率较小的电动机。

（3）如果测得的电动机工作电流比铭牌上标出的额定电流大 40%以上，则表明电动机的功率选得过小，应更换功率较大的电动机。

实际上，还应该考虑电动机的转矩（扭矩），电动机的转矩和功率、转速相关，即

$$T=\frac{9\,550P}{n} \tag{2-9}$$

式中，P 为电动机功率，单位为 kW；n 为电动机转速，单位为 r/min；T 为电动机转矩，单位为 N·m。

3. 电动机类型的选择

在选择电动机的类型时应优先考虑使用三相交流电动机，因为三相交流电动机较其他类型电动机具有更多的优点。具体选择时，还应仔细考虑以下两种情况。

（1）不需调速的负载机械。

对于不需要调速的负载机械，应尽可能采用交流异步电动机。若负载平稳且对起动与制动无特殊要求的连续运行的机械，宜优先选用普通鼠笼型异步电动机。如果电动机的功率较大且为了提高电源的功率因数，可采用三相同步电动机。若拖动的是起动困难的负载机械，可采用高堵转转矩的双笼型或者深槽笼型异步电动机；如果起动时电源线路电压降过大，可采用绕线式异步电动机；带周期性变化负载的机械要求有较大的起动和制动转矩时，中功率负载应选用绕线式异步电动机，小功率负载可采用高转差率异步电动机；若某些周期性工作制机械，采用交流电动机后在温升、起动、制动特性等方面不能满足需要，或其拖动系统的过渡过程有特殊要求，适宜采用直流电动机。

（2）需要调速的机械。

需要调速的机械应视调速范围和对调速连续、平滑程度的要求来选择电动机。对于只要求几种转速的小功率负载机械，可采用变极调速的多速（双速、三速、四速）鼠笼型异步电动机。对于对调速平滑程度要求不高且调速比不大的负载机械，宜采用绕线式异步电动机或电磁调速电动机。对于调速范围在 1∶3 以上且需连续、平滑调速的负载机械，宜采用直流电动机或变频调速电动机。对于需要起动转矩大和机械特性硬度低的生产机械，宜选用直流串励电动机。对于某些要求调速比不大（1∶2 左右）的大功率负载机械，也可用带有串级调速装置的绕线式异步电动机，这样可使部分电能回馈电网，提高其运行的经济性。

所选电动机的类型应能够满足生产机械各个方面的要求，如被拖动负载的性质、工作制、转速、起动特性、制动要求、过载能力及调速特性等，并应按经济合理的原则来选择电动机的类型，如电流种类、结构型式、电压等级和冷却方法等。同时，所选电动机的类型应满足电源的要求，如对于供电容量较小的电源，应考虑起动时保持供电线路电压稳定，以及使电源的功率因数保持在合理范围。此外，所选电动机还应留有备用功率，一般使电动机的负载率为 0.75～0.9。电动机的结构型式和绝缘等级应满足安装与使用环境的要求，以保证电动机能够长期可靠、安全地运行。

4. 电动机结构型式的选择

电动机的结构型式是指电动机的固定用构件、轴承装置和轴伸等部件的构成情况，电动机的结构型式主要由安装型式和防护型式两部分组成。

（1）安装型式的选择。

电动机的安装型式是指用轴线方向和固定用构件的状况来全面表达电动机的安装情况。安装型式用 IM 表示，如 IMB3、IMB5、IMB35、IMV1、IMV10 等。

（2）防护型式的选择。

为了防止电动机被周围不良介质损坏或因本身故障引发灾害，必须根据不同的环境去选择电动机的防护型式。电动机常见的防护型式有开启式、防护式、封闭式和防爆式等，如图 2－23 所示。

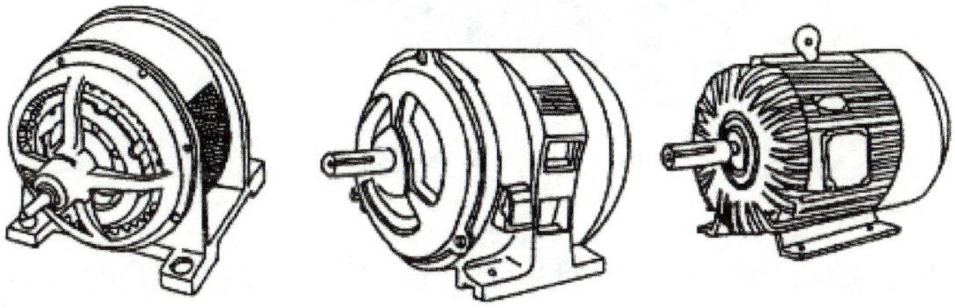

（a）开启式　　（b）防护式　　（c）封闭式

图 2－23　电动机防护型式

1）开启式电动机。

开启式电动机外表有很大的通风口，其散热条件好、用料节省、造价较低，但水气、灰尘等杂物容易侵入电动机内部，因而只能用于干燥和清洁的工作环境。

2）防护式电动机。

防护式电动机的通风口设计为朝下且有防护网遮掩，其通风冷却条件比较好。防护式电动机一般可防滴、防雨、防溅，以及防止外界杂物落入电动机内部，但不能防止潮气和灰尘的侵入，因此它比较适用于灰尘不多、较为干燥、无腐蚀性的场所。

3）封闭式电动机。

封闭式电动机通常又分为自扇冷式、强迫通风式和密闭式三种。自扇冷式和强迫通风式电动机能防止以任何方向飞溅来的水滴和其他杂物侵入，并且潮气和灰尘等也不易进入电动机内部，所以适用于潮湿、灰尘多、易受风雨侵蚀、有腐蚀性气体的各种地方。密闭式电动机一般用于在水或油等液体中工作的负载机械，如潜水电动机或潜油电动机等。由于封闭式电动机对制造工艺、使用材料均要求较高，其价格要比普通电动机贵。

4）防爆式电动机。

防爆式电动机（见图 2－24）通常是指在封闭式电动机结构的基础上制成隔爆型、增安型、正压型、无火花型、粉尘防爆型等类型，它们都适合在有易燃、易爆气体或有粉尘的危险环境下工作，如化工厂、煤矿、油库、煤气站、纺织厂、粮库等场所。

图 2－24　防爆式电动机

此外，在选择电动机的防护型式时还应考虑以下内容：若在湿热带地区使用，应选用 TH 型湿热带用电动机，如采用普通型电动机就应采取适当的防潮、防霉措施；在干热带地区使用，应选用 TA 型干热带用电动机；在高海拔地区使用，应选用高原型电动机；在船舶和舰艇上使用，应尽可能采用有特殊结构和防护要求的船用或舰用电动机；若在空气中经常有腐蚀性气体的地点使用，应尽量选用化工防腐型电动机或管道通风式电动机（以引入干净的冷却空气），也可以在加强对场所通风和电动机维护的情况下采用封闭式或防护式电动机。

5. 电动机电压的选择

三相异步电动机额定电压必须与电源电压相符，且只能在铭牌上规定的电压条件下使用，允许工作电压的偏差为－5%～＋10%。如果超出此范围，电压过高则引起电动机绕组过载发热，电压过低则导致电动机输出力矩下降，甚至拖带不动负载机械引起“堵转”，也可能发热烧毁。

如果三相异步电动机铭牌上标有两个电压值 220V/380V，则表示这台电动机的两种额定电压。当电源电压为 380V 时，将电动机联结成星形使用；当电源电压为 220V 时，将绕组联结成三角形使用。

6. 电动机转速的选择

电动机的额定转速要与作业机的额定转速相互配合，只有这样才能确保机组正常运转。若转速不配套，会带来很多不利的影响，作业机的转速如果相对三相异步电动机的额定转速过高，三相异步电动机就容易过载，会出现烧坏三相异步电动机或者加快电动机磨损等现象；若转速过低，作业机则可能无法正常工作。

转速配套是指三相异步电动机按照额定转速运转时，拖动的作业机也在额定转速下运行，即两者都在额定转速下同时运转。当作业机和电动机的额定转速相符，转向也相同时，转速配套问题就比较容易解决；如果转速不等或者转向不相同，就要用传动装置来使两者的转速配合，以达到传递功率的目的。

（1）直接传动。作业机和电动机的额定转速相等或接近时，可采用直接传动方式。直接传动方式是指用联轴器把作业机和电动机连接起来，其特点是结构紧凑、占地面积小、传动平稳高效、运转可靠、经济、安全等。

目前，我国的水泵转速一般都按三相异步电动机转速设计，所以使用三相异步电动机的水泵机组大多数采用直接传动方式。

（2）间接传动。当作业机与三相异步电动机的额定转速不相配，或轴线不在同一直线上，或转向不同时，必须采用间接传动方式。使用三相异步电动机的作业机机组均采用皮带传动。

皮带传动的特点：传动平稳，可起缓冲、减振作用；当出现过载时，皮带打滑，以保护机械零件免遭破坏；结构简单，使用维护方便。皮带传动分为平皮带传动和三角皮带传动两种，如图 2-25 所示。

（a）平皮带传动

（b）三角皮带传动

图 2-25　皮带传动

一般三相异步电动机的皮带轮直径由生产厂商统一规定，并随机附带，因此机组转速配套主要通过改变或确定作业机的皮带轮直径来实现。作业机皮带轮直径＝电动机皮带轮直径×电动机的转速/(1.02～1.05)×作业机的转速。

电动机额定转速都是依据生产机械的要求来选定的。在确定电动机额定转速时必须考虑生产机械减速机构的传动比，两者相互配合并经过技术与经济的全面比较才能确定。

不积跬步，无以至千里；
不积小流，无以成江海。

任务实施

一、电动机的拆装与检测

电动机的拆装与检测流程如图 2-26 所示。

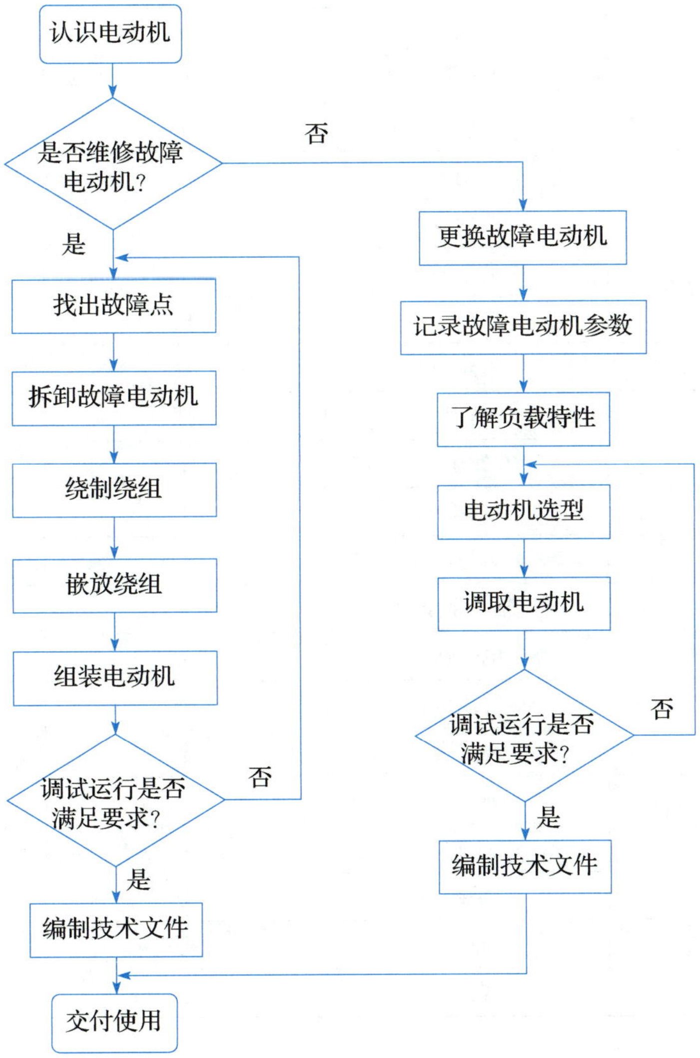

图 2-26　电动机的拆装与检测流程

1. 三相异步电动机的拆装

（1）工具和仪表的使用。

领料清单如表 2 - 3 所示。

表 2 - 3　领料清单

序号	名称	单位	数量
1	铜线绕组	卷	1
2	棉线	卷	1
3	绝缘纸	张	1
4	标签纸	张	若干
5	槽楔	个	若干
6	万用表	个	1
7	兆欧表	个	1
8	钳形电流表	个	1
9	千分尺	把	1
10	螺丝刀	套	1
11	剪刀	把	1
12	钳子	个	1
13	扳手	个	1
14	拔轮器	个	1
15	轴承拿子	个	1
16	电烙铁	个	1
17	绕线机	个	1
18	绕线模	套	1
19	划线板	个	1
20	压脚	个	1
21	手锤	把	1
22	冲子	把	1
23	扁铲	把	1

（2）方法和步骤。

1）写出工作内容。

2）拆卸前的准备工作。

3）制定工作流程。

4）完成三相鼠笼型异步电动机拆装报告（见表 2－4）。

表 2－4　三相鼠笼型异步电动机拆装报告

步骤	内容	记录	
1	拆卸前的准备工作	拆卸前做标记 （已做标记的打√）	联轴器在轴上的位置
			端盖与机座
			轴承及轴承盖
			机座与基础
2	拆装顺序	1	
		2	
		3	
		4	
		5	
		6	
		7	
		8	
		9	
3	拆卸皮带轮或联轴器	使用工具	
		操作要点	
4	轴承的拆卸与装配	使用工具	
		操作要点	
5	端盖的拆装与装配	使用工具	
		操作要点	
6	轴承内外盖的装配	使用工具	
		操作要点	

2. 三相异步电动机拆装后的检测

（1）工具和仪表。

1）常用电工工具。

2）兆欧表 1 个，钳形电流表 1 个、万用表 1 个。

3）三相电源 1 个，三相鼠笼型异步电动机 1 台。

（2）实训方法和步骤。

1）写出检查、测试步骤及方法。

2）装配完成后，进行装配质量检测。经检查无误，按要求进行定子、转子绕组绝缘电阻和直流电阻的测定。

3）按要求连接电路，经指导教师检查合格后方可通电，进行空转检查和空载电流检测。

4）填写三相异步电动机拆装后的检测报告（见表 2-5）。

表 2-5　三相异步电动机拆装后的检测报告

<table>
<tr><th>步骤</th><th>内容</th><th colspan="3">记录</th></tr>
<tr><td rowspan="3">1</td><td rowspan="3">装配质量检测</td><td colspan="2">引出线连接情况</td><td></td></tr>
<tr><td colspan="2">螺栓、螺母状况</td><td></td></tr>
<tr><td colspan="2">转子是否灵活</td><td></td></tr>
<tr><td rowspan="6">2</td><td rowspan="6">绕组绝缘电阻测定</td><td colspan="2">U 对壳</td><td></td></tr>
<tr><td colspan="2">V 对壳</td><td></td></tr>
<tr><td colspan="2">W 对壳</td><td></td></tr>
<tr><td colspan="2">U、V 相间</td><td></td></tr>
<tr><td colspan="2">V、W 相间</td><td></td></tr>
<tr><td colspan="2">U、W 相间</td><td></td></tr>
<tr><td rowspan="3">3</td><td rowspan="3">绕组直流电阻测定</td><td colspan="2">R_U</td><td></td></tr>
<tr><td colspan="2">R_V</td><td></td></tr>
<tr><td colspan="2">R_W</td><td></td></tr>
<tr><td rowspan="8">4</td><td rowspan="8">空转检查和空载电流检测</td><td rowspan="3">空转检查</td><td>有无异响</td><td></td></tr>
<tr><td>有无过热</td><td></td></tr>
<tr><td>有无其他异常</td><td></td></tr>
<tr><td rowspan="5">空载电流检测</td><td>U 相空载电流</td><td></td></tr>
<tr><td>V 相空载电流</td><td></td></tr>
<tr><td>W 相空载电流</td><td></td></tr>
<tr><td>空载电流对称性</td><td></td></tr>
<tr><td>空载电流占额定电流比例</td><td></td></tr>
<tr><td>5</td><td>结论描述</td><td colspan="3"></td></tr>
</table>

二、检验评估

填写检验评估表，见表 2－6。

表 2－6　检验评估表

序号	检验项目	内容	是否合格
1	安全文明生产	1. 断电或带电作业	合格（　　）/不合格（　　）
		2. 劳保用品穿戴整齐	合格（　　）/不合格（　　）
		3. 工具准备齐全	合格（　　）/不合格（　　）
		4. 遵守操作规程	合格（　　）/不合格（　　）
		5. 清理现场	合格（　　）/不合格（　　）
2	拆卸与装配	1. 排查故障原因	合格（　　）/不合格（　　）
		2. 正确使用工具和仪表	合格（　　）/不合格（　　）
		3. 熟练地拆卸故障电动机	合格（　　）/不合格（　　）
		4. 绕线、嵌线准确，装配准确、紧固	合格（　　）/不合格（　　）
3	电动机选型	1. 记录故障电动机参数	合格（　　）/不合格（　　）
		2. 选择合适型号的电动机	合格（　　）/不合格（　　）
		3. 安装前正确检测所选电动机	合格（　　）/不合格（　　）
4	通电试车	1. 测量空载电流值，判断选型是否合适	合格（　　）/不合格（　　）
		2. 通电成功	合格（　　）/不合格（　　）

任务三 垂直装料机构的电气控制

学习目标

知识目标

- 掌握常用低压电气元件的结构、工作原理、用途、型号规格及使用方法。
- 熟悉常用低压电气元件及其图形符号。
- 掌握电气控制线路的分析方法。

能力目标

- 具备准确识图的能力。
- 具备正确选择和使用低压电气元件的能力。
- 具备排除设备故障的能力。
- 具备分析电气控制线路、正确安装接线的能力。

素质目标

- 提高质量意识。
- 培养实操过程中的劳动精神。
- 培养严谨细致、精益求精的工匠精神。

任务描述

现车间需要安装一台垂直装料机构的电气控制柜，请根据现场给出的电控原理图（见图 3-1）进行电气控制柜接线。

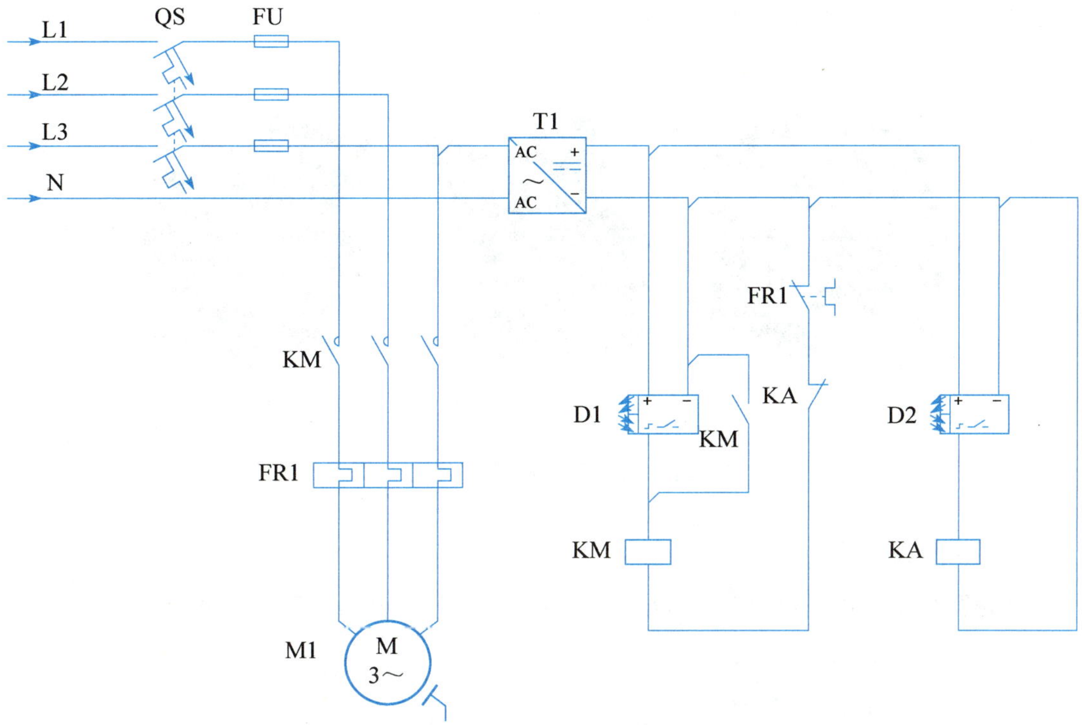

图 3-1　电控原理图

控制要求如下：

（1）当感应器 D1 感应到物料时，电动机动作，开始运输物料。

（2）当物料压盖模组翻转至治具上，感应器 D2 感应到压盖翻转到位时，电动机停止转动。

（3）手动治具压盖复位至带料位，等待物料被感应。

通过本任务的学习，学生能够熟悉低压电气元件的结构、工作原理和选型，掌握电动机的控制原理。

相关知识

交流接触器

一、常用低压电气元件

1. 接触器

接触器根据其主触点通过电流的种类不同可分为交流和直流两种，主要用于控制电动机、电热设备、电焊机、电容器等，能频繁地接通或断开交、直流主电路，是一种大容量控制电路的自动切换电气元件。它具有低电压释放保护功能，可以频繁操作和远距离控制，是电力拖动自动控制线路中使用最广泛的电气元件之一。图 3－2 所示为几种常用的接触器。

（a）CJX2系列　（b）CJT1系列　（c）JZC4系列

图 3－2　几种常用的接触器

（1）接触器的结构。

接触器结构示意图及图形符号如图 3－3 所示。接触器由以下几部分组成。

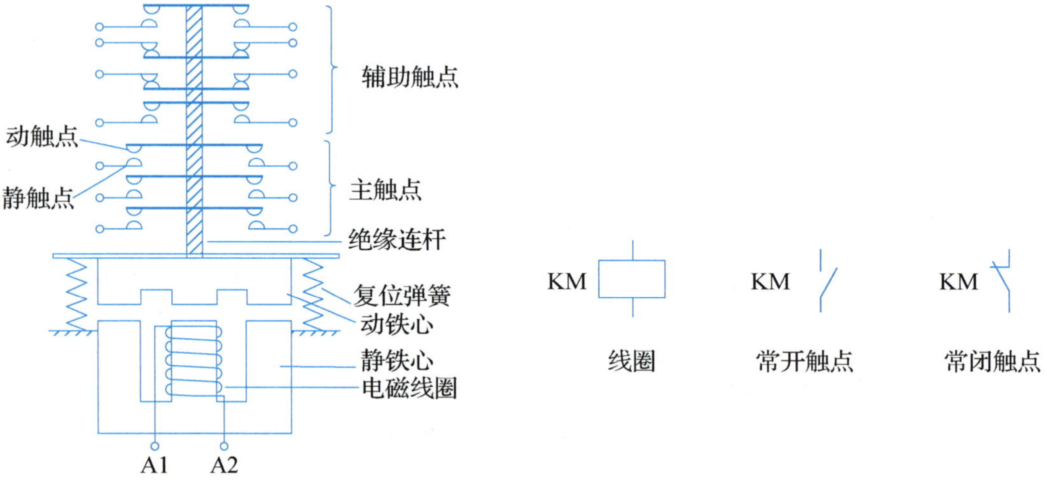

（a）结构示意图　（b）图形符号

图 3－3　接触器结构示意图及图形符号

1）电磁系统：由电磁线圈、动铁心（衔铁）、静铁心（铁心）等组成。电磁线圈通电时产生磁场，使动、静铁心互相吸引，两者吸引后，带动绝缘连杆，这时动触点被拉向静触点，触点接触，接通电路。线圈断电后，磁场消失，动铁心在复位弹簧作用下，回到原位，动触点与静触点分离，切断电路。电磁线圈分为电压线圈和电流线圈，电压线圈并联在电路中，电流线圈串联在电路中。

2）触点系统：交流接触器的触点系统包括主触点和辅助触点。主触点用于通断主电路；辅助触点用于控制电气元件，起电气联锁或控制作用。

3）灭弧装置：各种有触点电气元件都是通过触点来通断电路的，在触点接触和分离（包括熔体在熔断时）的瞬间，都会在触点间隙中由电子流产生弧状的火花，称为电弧。容量在 10A 以上的接触器都有灭弧装置，对于小容量的接触器，常采用双断口桥形触点以利于灭弧；对于大容量的接触器，常采用纵缝灭弧罩及栅片。

接触器除上述三个主要部件外，还有外壳、传动机构、接线桩、复位弹簧、缓冲装置、触点压力弹簧等附件。

（2）接触器的选用原则。

1）根据接触器所控制的负载性质来选择接触器的类型。

2）接触器的额定电压不得低于被控制电路的最高工作电压。

3）接触器的额定电流应大于被控制电路的最大工作电流。

4）接触器在频繁起动、制动和正反转的场合下，一般其额定电流降一个等级来选用。

5）电磁线圈的额定电压应与所接控制电路的电压一致。

6）接触器的触点数量和种类应满足主电路和控制电路的要求。

2. 热继电器

三相异步电动机在实际运行中，常会遇到因电气或机械原因等引起的过电流（包括过载和断相）现象。如果过电流不严重且持续时间短，绕组不超过允许温升，这种过电流是允许的；如果过电流情况严重，持续时间较长，则会加快电动机绝缘老化，甚至烧毁电动机。因此，在电动机回路中应设置电动机保护装置。常用的电动机保护装置种类很多，使用最多、最普遍的是双金属片式热继电器。

热继电器是一种利用电流热效应原理工作的电气元件，它主要与接触器配合使用，用于对三相异步电动机的过载和断相保护。

几种常见的热继电器如图 3－4 所示。

（a）JR36–20热继电器　（b）JZC1–22热继电器　（c）NR2系列热继电器

图 3－4　几种常见的热继电器

双金属片式热继电器主要由双金属片、热元件、触点等组成。图 3－5 所示为双金属片式热继电器的结构示意图及图形符号。

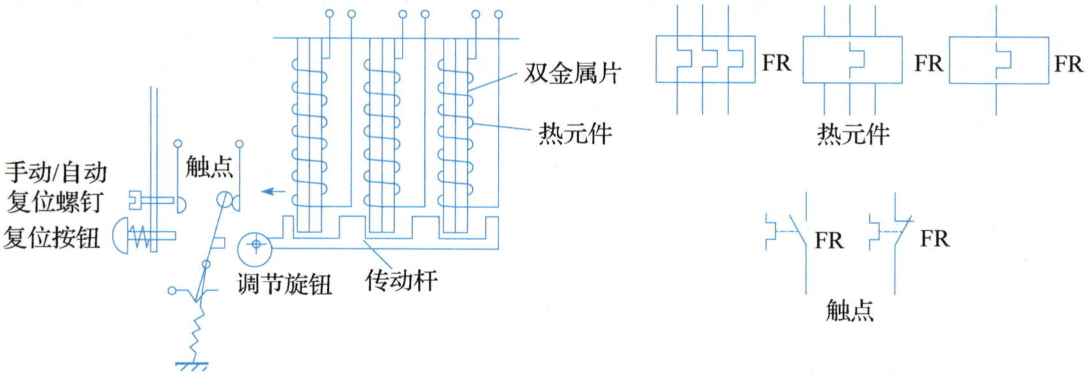

（a）结构示意图　　（b）图形符号

图 3－5　双金属片式热继电器的结构示意图及图形符号

双金属片是热继电器的感测元件，由两种线膨胀系数不同的金属用机械辗压的方法合成一体。线膨胀系数大的（如铁镍铬合金、铜合金或高强铝合金等）称为主动层，线膨胀系数小的（如铁镍类合金）称为被动层。两种线膨胀系数不同的金属紧密地贴合在一起，当产生热效应时，双金属片向膨胀系数小的一侧弯曲，由弯曲产生的位移带动触点动作。

热元件一般由铜镍合金、镍铬铁合金或铁铬铝合金等电阻材料制成，其形状有圆丝、扁丝、片状和带状等。热元件串接于电动机的定子电路中，通过热元件的电流就是电动机的工作电流。当电动机过电流且电流超过整定值时，双金属片的热量增大而发生弯曲，经过一定时间后，使触点动作，通过控制电路切断电动机的工作电源。同时，热元件也因失电而逐渐降温，经过一段时间的冷却，双金属片恢复到原来状态。当电动机正常运行时，其工作电流通过热元件产生的热量不足以使双金属片变形，触点不会动作。

热继电器动作电流的调节是通过旋转调节旋钮来实现的。调节旋钮为一个偏心轮，旋转调节旋钮可以改变传动杆和动触点之间的传动距离，距离越长动作电流越大，反之动作电流越小。

热继电器复位方式有自动复位和手动复位两种。将复位螺钉旋入，使常开的静触点向动触点靠近，这样动触点在闭合时处于不稳定状态，在双金属片冷却后动触点也返回，这种复位方式为自动复位方式。如果将复位螺钉旋出，触点不能自动复位，则为手动复位方式。在手动复位方式下，需在双金属片恢复原状时按下复位按钮才能使触点复位。

热继电器主要用于电动机的过载保护，使用时应考虑电动机的工作环境、起动情况、负载性质等因素。选择热继电器时应从以下几方面入手。

（1）热继电器结构型式的选择：在一般情况下，可选用两相结构的热继电器。对于工作条件恶劣的电动机或当电网电压不平衡时，可选用三相结构的热继电器。星形联结的电动机可选用两相或三相结构热继电器，三角形联结的电动机可选用带断相保护装置的热继电器。对于三角形联结的电动机，一相断线后，流过热继电器的线电流与流过电动机绕组的相电流的增加比例是不同的，其中最严重的一相比其余串联的两相绕组内的电流要大一倍，增加的比例也最大。

（2）整定电流的选择：根据电动机的实际负载选用热继电器的整定电流（整定电流是指当发热元件通过的电流值超过此值的 20％时，热继电器应在 20min 内动作），热继电器的整定电流一般为电动机额定电流的 1.05～1.1 倍。当电动机过载能力较差时，应使热继电器的整定电流为电动机额定电流的 60％～80％。

下列情况下选择热继电器时，应使其整定电流比电动机额定电流要大一些：电动机负载惯性转矩非常大，起动时间长；电动机所带动的设备，不允许任意停电；电动机拖动的设备为冲击性负载，如冲床、剪床等。

（3）对于重复短时工作的电动机（如起重机电动机），由于电动机不断重复升温，热继电器双金属片的温升跟不上电动机绕组的温升，电动机将得不到可靠的过载保护。因此，这种情况下不宜选用双金属片式热继电器，而应选用过电流继电器或能反映绕组实际温度的温度继电器来进行保护。

3. 按钮

按钮是一种结构简单、使用广泛的手动电气元件，也是一种最常用的主令电气元件，在控制电路中用于手动发出控制信号以控制接触器、继电器等。主令电气元件在控制电路中以开关的通断来发出控制命令，使控制电路执行对应的控制任务。主令电气元件应用广泛，种类繁多，常见的有按钮、行程开关、接近开关、万能转换开关、主令控制器、选择开关、足踏开关等。

按钮一般适用于交流电压 500V 以下、直流电压 440V 以下、额定电流 5A 以下的电路中。按钮常用于短时间接通或断开小电流控制的电路。其结构简单，控制方便。图 3－6 所示为两种常见的按钮。

（a）平按钮　　（b）急停按钮

图 3－6　两种常见的按钮

按钮由按钮帽、复位弹簧、桥式触点和外壳等组成，其结构示意图及图形符号如图 3－7 所示。触点采用桥式触点，分为常开触点（动合触点）和常闭触点（动断触点）两种。

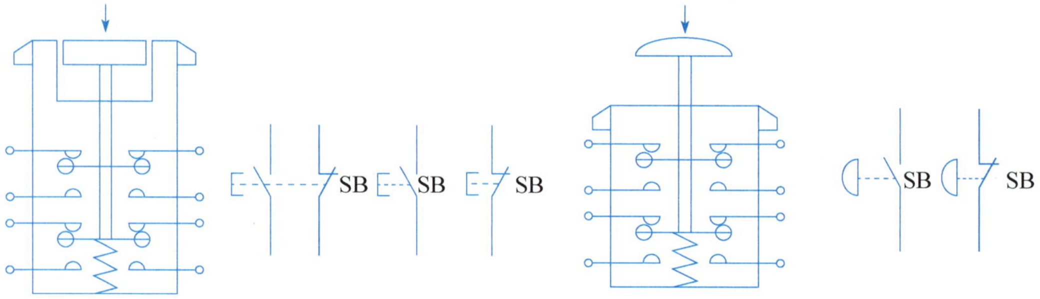

（a）平按钮的结构示意图及图形符号　　（b）急停按钮的结构示意图及图形符号

图 3－7　按钮的结构示意图及图形符号

按钮按照触点动作方式可以分为直动式和微动式两种，如图 3－7 所示的按钮均为直动式，其触点动作速度和手按下的速度有关。微动式按钮的触点动作变换速度快，与手按下按钮的速度无关，其动作原理如图 3－8 所示。动触点由弯形簧片组成，当弯形簧片受压向下运动至低于平形簧片时，弯形簧片迅速变形，将平形簧片触点弹向上方，实现触点瞬间动作。

小型微动式按钮也称为微动开关，微动开关还可以用于各种继电器和限位开关中，如时间继电器、压力继电器和限位开关等。

按钮一般为复位式，也有自锁式，最常用的按钮为复位式平按钮。

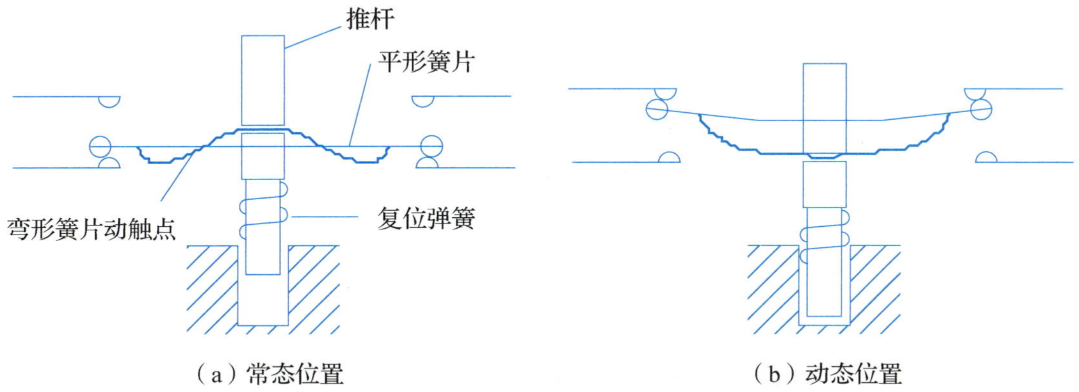

图 3-8　微动式按钮动作原理

按钮常因颜色不同而适用于不同的场合。例如，红色按钮用于“停止”“断电”“处理事故”等。表 3-1 给出了按钮颜色的含义。

表 3-1　按钮颜色的含义

颜色	含义	举例
红	处理事故	紧急停机；扑灭燃烧
	停止或断电	正常停机；停止一台或多台电动机；装置的局部停机；切断一个开关；带有“停止”或“断电”的复位功能
绿	起动或通电	正常起动；起动一台或多台电动机；装置的局部起动；接通一个开关装置（投入运行）
黄	参与	防止意外情况；参与抑制反常的状态；避免不需要的变化（事故）
黑、灰、白	无特定用意	除单功能停止或断电外的任何功能

按钮的选择通常依据以下几方面原则。

（1）根据使用场合选择控制按钮的种类，如开启式、防水式、防腐式等。

（2）根据用途选用合适的按钮形式，如钥匙式、紧急式、带灯式等。

（3）按控制回路的需要确定不同的按钮数，如单钮、双钮、三钮、多钮等。

（4）按工作状态指示和工作情况的要求选择按钮及指示灯的颜色。

4. 光电开关

光电式接近传感器是利用光电效应制成的，用以检测物体的有无和表面状态变化等的传感器。其中输出形式为开关量的传感器为光电式接近开关，简称为光电开关，如图 3-9 所示。光电开关主要由光发射器和光接收器构成。如果光发射器发射的光线因检测物体不同而被遮掩或反射，到达光接收器的光量将会发生变化。光接收器的敏感元件将检测出这种变化，并转换为电气信号，进行输出。光电开关大多使用可视光（主要为红色，也用绿色、蓝色）和红外光。

图 3－9　光电开关

按照光接收器接收光的方式，光电开关可分为对射式、反射式和漫射式三种。对射式光电开关的光发射器和光接收器面对面地装在一个槽的两侧。光发射器能发出红外光或可见光，在无阻情况下光接收器能接收到光。但当被检测物体从槽中通过时，光被遮挡，光电开关便动作，输出一个开关控制信号，切断或接通负载电路，从而完成一次控制动作。对射式光电开关的检测距离因为受整体结构的限制一般只有几厘米，当检测高速运动的物体时应优先选用对射式光电开关。

反射式光电开关的光发射器和光接收器集成在同一个装置内，在它的前方装一块反光板，利用反射原理实现光电控制作用，这种反射式光电开关称为反光板反射式（或反射镜反射式）光电开关。正常情况下，光发射器发出的光被反光板反射到光接收器；一旦光路被检测物挡住，光接收器接收不到光时，光电开关就动作，输出一个开关控制信号。

漫射式光电开关是利用光照射到被测物体上后反射回来的光线而工作的，由于物体反射的光线为漫射光，故称为漫射式光电开关。它的光发射器与光接收器处于同一侧，且为一体化结构。在工作时，光发射器始终发射检测光，若光电开关前方一定距离内没有物体，则没有光被反射到光接收器，光电开关处于常态而不动作；反之，若光电开关前方一定距离内出现物体，只要反射回来的光强度足够，光接收器接收到足够的漫射光就会使光电开关动作而改变输出的状态。常见的漫射式光电开关有圆柱形和方形两种形式，如图 3－10 所示。

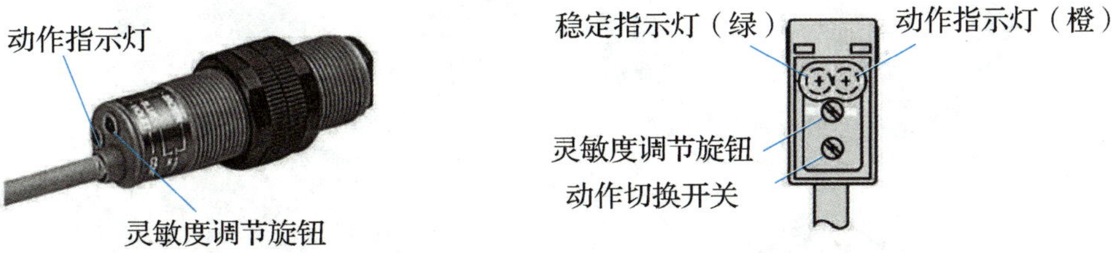

（a）圆柱形漫射式光电开关　　（b）方形漫射式光电开关

图 3－10　漫射式光电开关

光电开关一般有两线和三线的。对于两线的光电开关，两根线分别为棕色和蓝色，棕色线接直流电源正极，蓝色线接负载，负载另一端接直流电源负极。三线的光电开关，三根线颜色分别是棕色、蓝色和黑色，其中棕色线接电源正极，蓝色线接电源负极，黑色线接负载。三线的光电开关分为 NPN 型和 PNP 型，NPN 型负载的另一端接电源正极，PNP 型负载的另一端接电源负极，如图 3－11 所示。

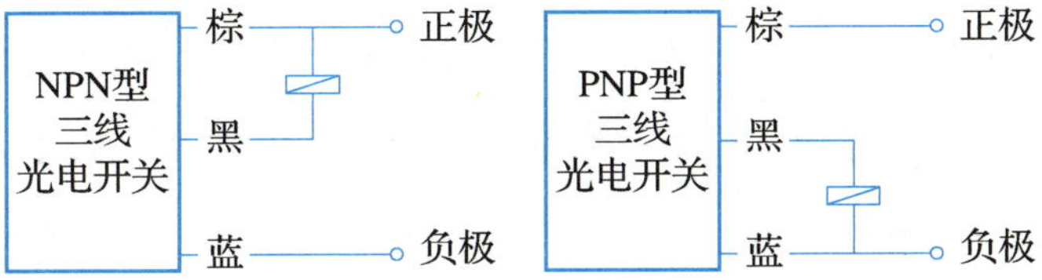

图 3－11　三线光电开关接线

例如，生产线装料机用到的 GTB6－N1212 光电开关（见图 3－12）是方形漫射式 NPN 型三线光电开关，其顶部有一个调整旋钮，用来调整检测距离，其极限检测距离是 5～250mm，最佳检测距离是 30～140mm，往“－”方向旋转是减小检测距离，往“＋”方向旋转是增大检测距离。光电开关背面的旋钮用来调整光电开关的输出形式，输出形式有常开和常闭，调整到“L”位置表示常开输出，调整到“D”位置表示常闭输出。安装时配有对应的支架，用螺钉将传感器安装在支架上，再将支架固定在机台上。

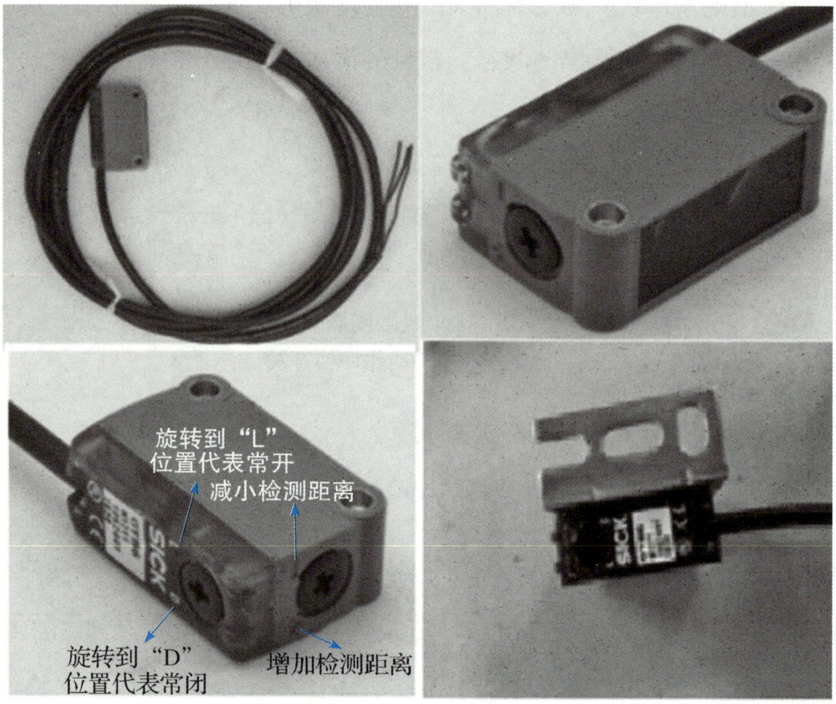

图 3 - 12　GTB6 - N1212 光电开关

5. 接近开关

电感式接近开关是利用电涡流效应制造的传感器。电涡流效应是指当金属物体处于一个交变的磁场中，在金属内部会产生交变的电涡流，该电涡流又会反作用于产生它的磁场。如果这个交变的磁场是由一个电感线圈产生的，则这个电感线圈中的电流就会发生变化，用于平衡涡流产生的磁场。利用这一原理，以高频振荡器（LC 振荡器）中的电感线圈作为检测元件，当被测金属物体接近电感线圈时会产生电涡流效应，引起振荡器振幅或频率的变化，由传感器的信号调理电路（包括检波、放大、整形、输出等电路）将该变化转换成开关量输出，从而达到检测目的。电感式接近开关工作原理框图及图形符号如图 3 - 13 所示。

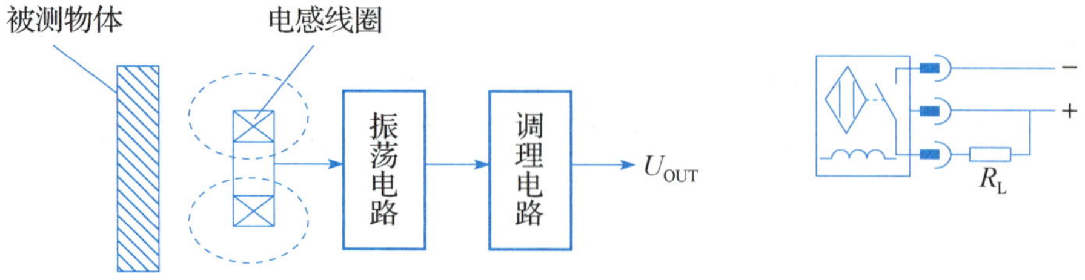

图 3 - 13　电感式接近开关工作原理框图及图形符号

常见的电感式接近开关外形有圆柱形、长方体形和U形等，如图3-14所示。

图3-14　常见的电感式接近开关

6. 行程开关

行程开关（见图3-15）也称为限位开关，其动作不需要人为操作，能够依据生产机械的行程发出信号，以控制生产机械运动方向和行程。行程开关也用于限制行程，一般安装于生产机械行程的终点处。

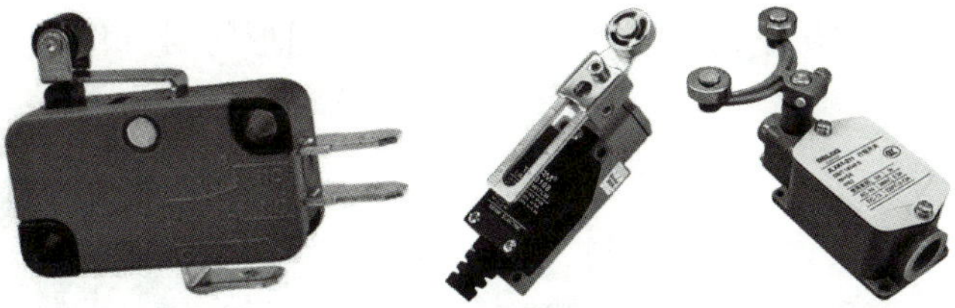

图3-15　常见的行程开关

行程开关由操作机构、触点系统和外壳组成。按接触的性质可分为有触点式和无触点式。有触点式行程开关按运动形式可分为直动式（按钮式）、微动式、滚轮式（旋转式）。

在实际生产中，有些机械设备要求能在一定的行程内自动往返运动，以实现对工件的连续加工，从而提高生产效率，因此要求电气控制电路能自动转换对电动机的正反转控制。用行程开关控制的自动往复循环控制电路就可实现这种功能。

行程开关的动作原理与按钮相同，当运动部件碰撞行程开关的顶杆时，顶杆连同触点弹簧一起运动，当压到一定位置时，行程开关触点状态发生改变。直动式行程开关结构示意图及图形符号如图3-16所示。

行程开关的选用原则如下：

（1）根据应用场景及控制对象选择。

（2）根据安装环境选择防护型式，如开启式或防护式。

（3）根据控制回路的电压和电流选择。

（4）根据机械与行程开关的传力与位移关系选择合适的头部形式。

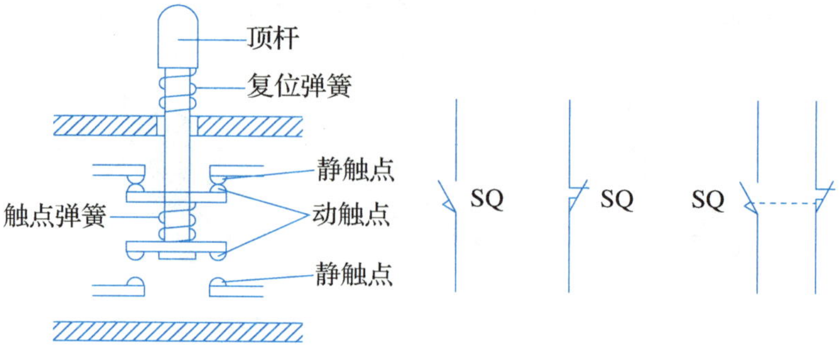

（a）结构示意图　　（b）图形符号

图 3-16　直动式行程开关结构示意图及图形符号

7. 中间继电器

中间继电器

中间继电器是将一个输入信号变成多个输出信号的继电器，输入信号为线圈的通断，输出信号为触点动作。它具有触点多、触点容量大、动作灵敏等特点。常见中间继电器及图形符号如图 3-17 所示。

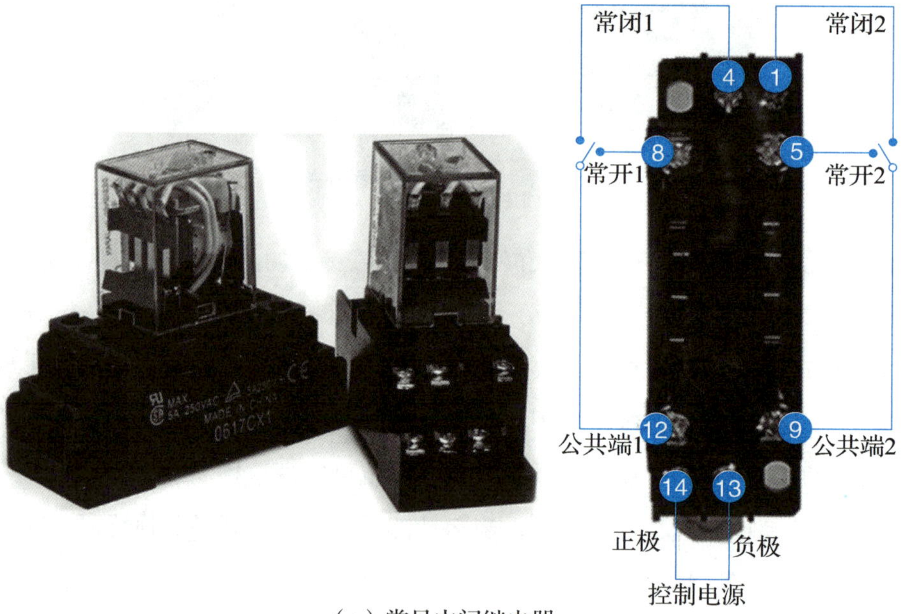

（a）常见中间继电器

（b）图形符号

图 3-17　常见中间继电器及图形符号

中间继电器的结构及工作原理与接触器基本相同，但中间继电器的触点对数多，且没有主辅之分，各对触点允许通过的电流大小相同，多数为 5A。因此，对于工作电流小于 5A 的电气控制线路，可用中间继电器代替接触器实施控制。

中间继电器采用立体布置，由动铁心、静铁心、短路环、线圈、触点系统、反作用弹簧、复位弹簧和缓冲弹簧等组成。触点采用双断点桥式结构，上下两层各有四对触点，下层触点只能是动合触点，故触点系统可按八动合触点，六动合触点、两动断触点，四动合触点、四动断触点组合。继电器线圈额定电压有 12V、36V、110V、220V、380V 等。

中间继电器有交流操作和直流操作两种，一般继电器带有透明外罩，可防止尘埃进入内部而影响工作的可靠性。

中间继电器主要依据被控制电路的电压等级以及所需触点的数量、种类和容量等来选用。

8. 终端继电器

终端继电器，又称为高速继电器，主要用于光电隔离，其外形及结构如图 3-18 所示。

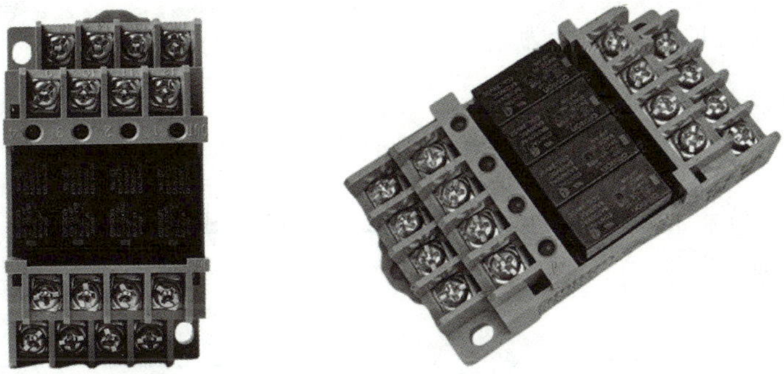

（a）外形

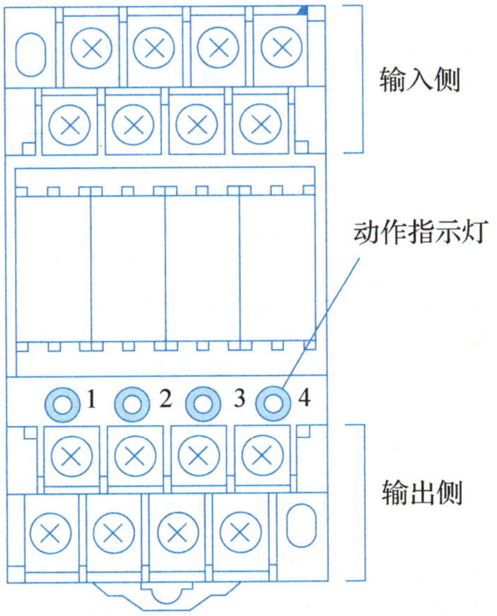

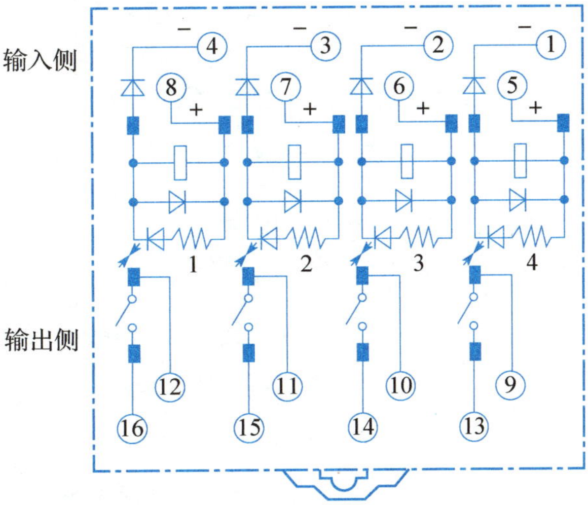

（b）结构

图 3-18　终端继电器的外形及结构

在上面按照方向施加一定的电压之后，下面的触点就会接通。每组有三个二极管，一个防止反向，一个稳压，一个为发光指示灯。电阻起二极管限流作用。

G6B－4BND 5V 终端继电器内置四个小型、高灵敏度、耐高压的 5A 功率开关的 G6B 微型继电器，继电器本体为塑料密封型，端子为 IN/OUT 分离结构，因此配线方便，带动作指示灯 LED，线圈浪涌吸收用二极管内置。

9. 时间继电器

时间继电器是利用电磁原理或机械原理实现触点延时闭合或延时断开的控制继电器。它的种类很多，有空气阻尼型、电动型和电子型等。图 3－19 所示为常见的时间继电器。

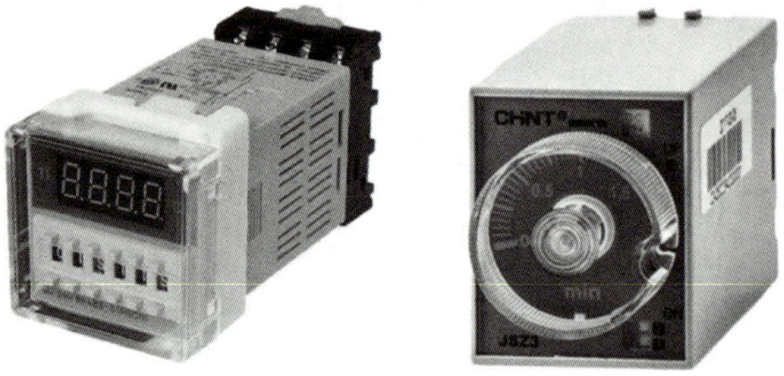

图 3－19　常见的时间继电器

时间继电器按延时方式可分为通电延时型和断电延时型。图 3－20 所示为 JS7－A 系列空气阻尼式时间继电器的结构原理图，当衔铁位于铁心和延时机构之间时为通电延时型；当铁心位于衔铁和延时机构之间时为断电延时型。下面以通电延时型为例说明其工作原理。

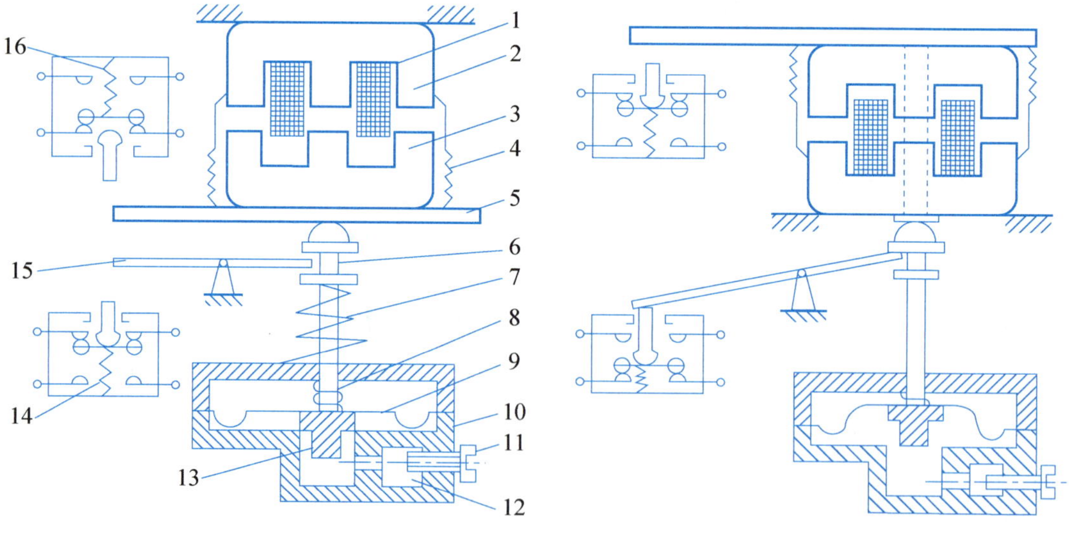

（a）通电延时型　　（b）断电延时型

图 3－20　JS7－A 系列空气阻尼式时间继电器的结构原理图

1—线圈；2—铁心；3—衔铁；4—反力弹簧；5—推板；6—活塞杆；7，8—弹簧；9—橡皮膜；10—空气室壁；11—调节螺钉；12—进气孔；13—活塞；14，16—开关；15—杠杆

当线圈 1 通电后，衔铁 3 吸合，活塞杆 6 在弹簧 7 的作用下带动活塞 13 及橡皮膜 9 向上移动，使空气室内的空气变得稀薄，形成负压，活塞杆 6 缓慢移动，经过一段时间后，活塞杆 6 通过杠杆 15 压动微动开关 14，触点动作，起到延时作用。

当线圈 1 断电时，衔铁 3 释放，空气室内的空气通过活塞 13 肩部的单向阀迅速排出，使微动开关 14 迅速复位。从线圈通电到触头动作所用的时间即为时间继电器的延时时间，可通过调节调节螺钉 11 来延长或缩短延时时间。

图 3－21 所示为时间继电器的图形符号。

图 3－21　时间继电器的图形符号

通电延时型时间继电器与断电延时型时间继电器的区别是：

（1）通电延时型时间继电器在线圈开始通电时开始计时，经过设定的时间后，其延时触点才动作；线圈断电后，其延时触点立刻恢复常态。

（2）断电延时型时间继电器在线圈开始通电时，其延时触点立刻动作；线圈断电后开始计时，经过设定的延时时间后，其延时触点才恢复常态。

时间继电器除了有延时触点还有瞬时触点，其动作特点和其他继电器触点相同，线圈通电，瞬时触点立刻动作，线圈断电，瞬时触点立刻恢复常态。

在选用时间继电器时，应根据控制要求选择其延时方式，根据延时范围和精度选择其类型。

10. 蜂鸣器

蜂鸣器主要配合指示灯来显示设备的状态，一般采用直流电压供电。蜂鸣器主要分为压电式蜂鸣器和电磁式蜂鸣器两种类型。常见的蜂鸣器及其图形符号如图 3－22 所示。

11. 指示灯

指示灯在生产中应用广泛，生产线一般使用指示灯来表示设备的工作情况，绿色为

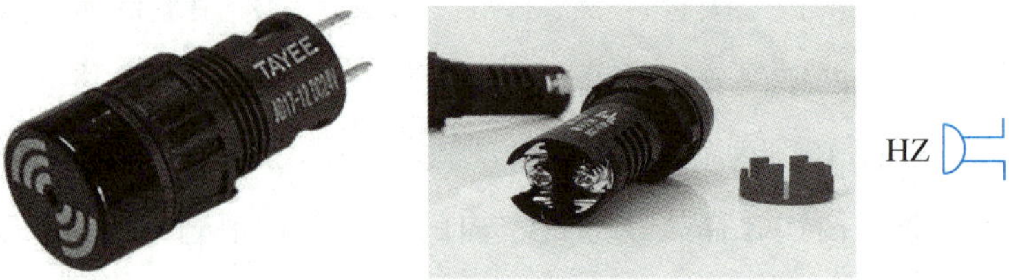

图 3 - 22　常见的蜂鸣器及其图形符号

设备就绪或者工作运行正常，黄色表示暂停状态，红色为设备出现异常或表示设备已供电，白色用作系统或设备的一般信号，蓝色为系统或设备的特殊指示，如图 3 - 23 所示。

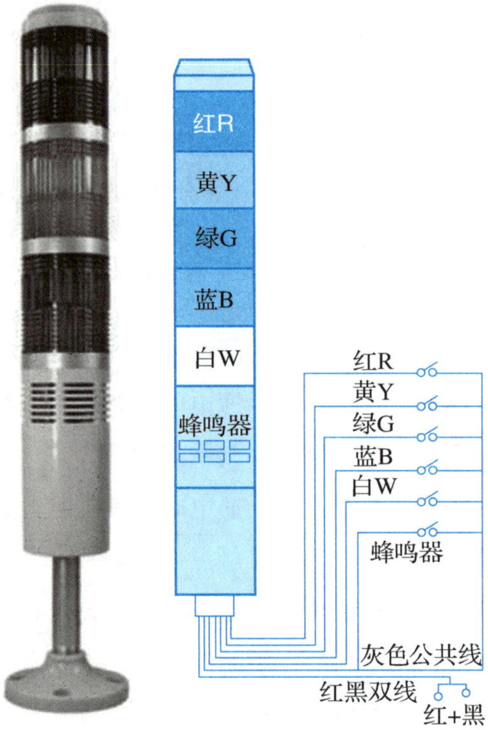

图 3 - 23　常见指示灯及接线

二、电动机典型控制电路

点动控制电路

1. 案例 1：电动机点动控制电路

图 3 - 24 所示为电动机点动控制电路。电动机点动控制电路分为主电路和控制电路两种。主电路为三相电源经自动开关、熔断器、接触器主触点后接至电动机；控

制电路为 220V 交流电经开关电源整流后变为 24V 直流电，经按钮接至接触器线圈。

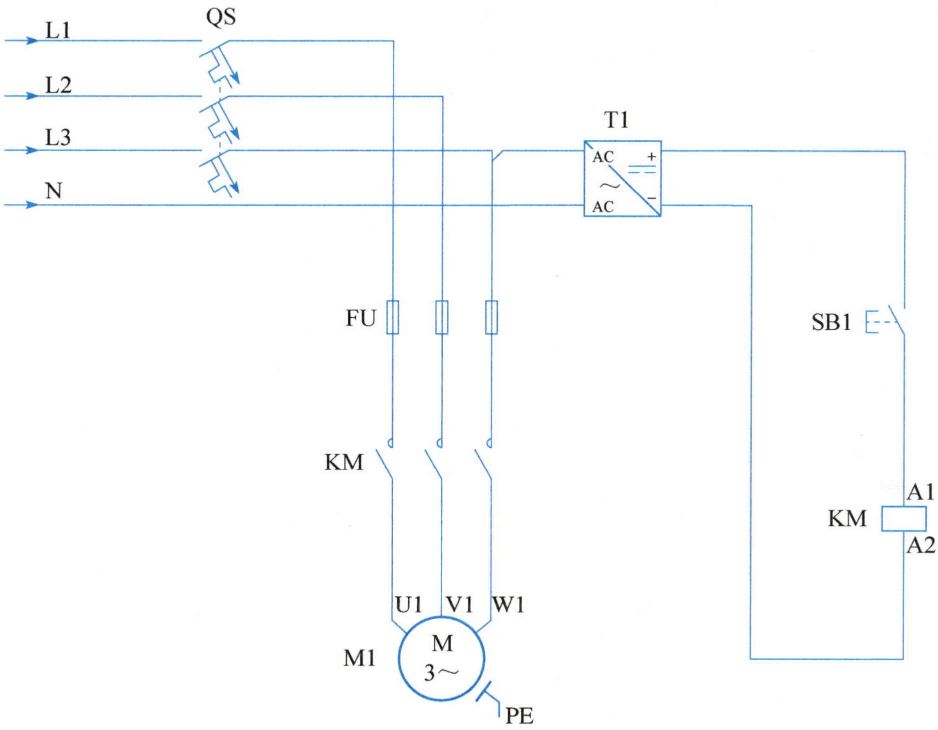

图 3－24　电动机点动控制电路

闭合电源开关 QS，接触器的线圈额定电压为 24V，接通三相交流电源后，可实现如下控制：

（1）电动机的起动。

按下起动按钮 SB1，控制电路中交流接触器 KM 线圈通电，主电路中的 KM 主触点闭合，电动机 M1 与电源接通，起动运行。

（2）电动机的停止。

松开起动按钮 SB1，控制电路中交流接触器 KM 线圈断电，主电路中的 KM 主触点断开，电动机 M1 与电源断开，停止运行。

由上述控制过程可知，要使点动控制电路中的电动机运行，必须始终用手按住起动按钮。

2. 案例 2：电动机连续运行控制电路

电动机连续运行控制电路分为主电路和控制电路。主电路为三相电源经自动开关、熔断器、接触器主触点、热过载继电器后接至电动机；控制电路为 220V 交流电经开关电源整流后变为 24V 直流电，经热过载继电器常闭触点、停止按钮、起动按钮后接至接触器线圈，同时起动按钮和接触器常开触点并联。

图 3－25 所示为电动机连续运行控制电路。

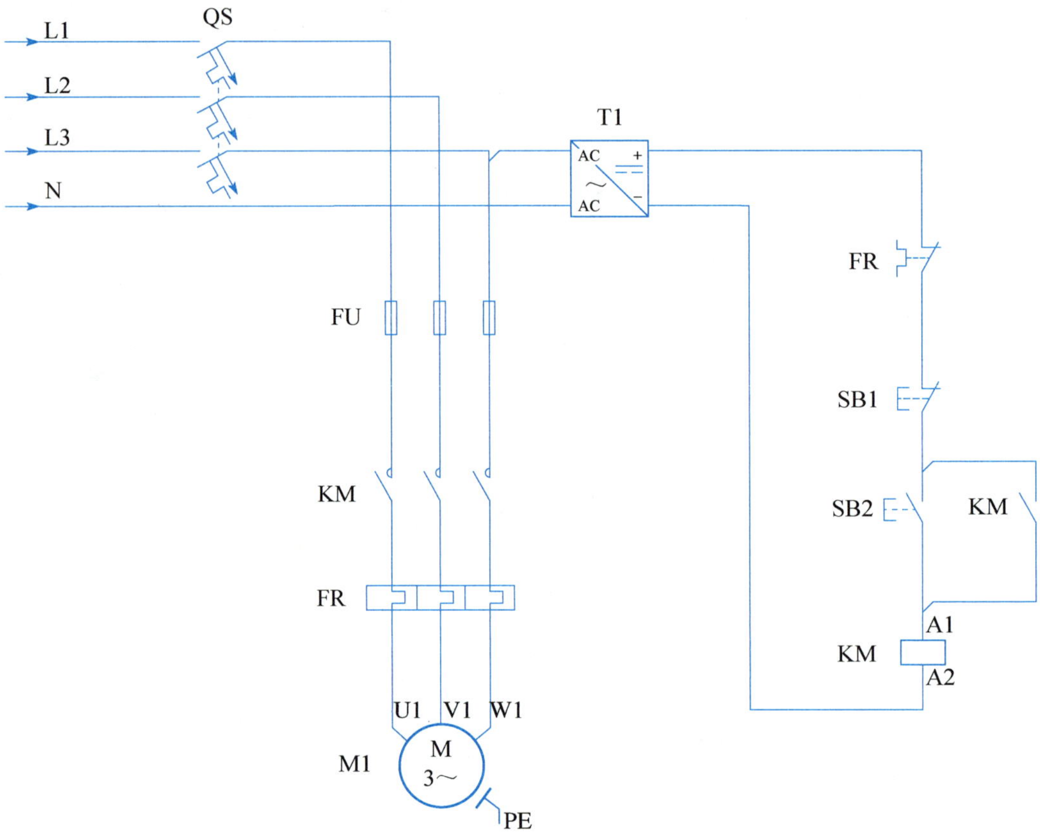

图 3－25　电动机连续运行控制电路

（1）电动机起动。

闭合电源开关 QS，接通三相交流电源后，可实现如下控制：

按下 SB2，KM 线圈通电，主电路 KM 主触点闭合，电动机 M1 运行，同时 KM 辅助触点闭合；松开 SB2，KM 辅助触点不断开，KM 线圈连续通电，电动机 M1 连续转动。

（2）电动机停止。

按下 SB1，KM 线圈断电，KM 主触点断开，电动机 M1 断电停止运行。

由上述控制过程可知，松开起动按钮，交流接触器继续通电，电动机继续运行。

用接触器本身的辅助常开触点使其线圈保持连续通电的控制环节称为“自锁”。与起动按钮并联的该辅助常开触点称为自锁触点。

可以看出，点动控制与连续运行控制的区别是控制电路是否有“自锁”功能。

（3）电路中的保护环节。

电动机连续运行控制电路中有零压保护、欠压保护、过载保护、短路保护等。

1）零压保护：也称为失压保护，是电动机正在运行时，遇到电源突然停电，电路自动切断电动机电源，在供电恢复时电路不会自行接通的保护。如果未加防范而使电路在供电恢复时自行接通，电动机自行起动，很容易造成设备或人身事故。采用接触器自锁控制的电路，由于控制电路的自锁触点和主电路中的主触点在停电时已经断开，在供电恢复时，电路不会自行接通。

2）欠压保护：电动机运行过程中，若电源电压下降，电动机的电流就会增大，电压下降严重时，可能烧坏电动机。在接触器自锁电路中，当电源电压下降很多时（一般低于额定电压的 85%），接触器的电磁吸力小于复位弹簧的反作用力，衔铁释放，主触点和自锁触点断开，电动机断电停止，从而实现欠压保护。

3）过载保护：由热继电器作过载保护。当电动机过载时，流过主电路中热继电器热元件的电流较大，控制电路中常闭触点断开，使接触器的线圈断电，其主触点和自锁触点都断开，从而使电动机断电停止，起到过载保护作用。

4）短路保护：由熔断器分别为主电路和控制电路提供短路保护。当主电路或控制电路短路时，熔断器自动迅速地熔断，切断故障电路，从而起到保护电路的作用。

3. 案例 3：电动机正反转连续运行控制电路

电动机的正反转控制是通过改变三相电源中任意两相的相序来实现的，常用的控制方法有：接触器联锁的正反转控制，按钮联锁的正反转控制，接触器、按钮联锁的正反转控制，万能转换开关正反转控制。在主电路中电动机正转时由接触器 KM1 控制，如果要实现反转功能，则需再增加一个接触器 KM2，经过 KM2 的电源相序必须为反相序。

正反转控制电路

下面以接触器联锁及接触器、按钮联锁的正反转控制为例介绍电动机正反转连续运行控制电路。

（1）接触器联锁的电动机正反转连续运行控制电路（见图 3－26）。

1）起动电动机正转。

按下起动按钮 SB2，KM1 线圈通电，KM1 主触点闭合，辅助常开触点闭合形成自锁，辅助常闭触点断开，与 KM2 线圈控制电路形成互锁，电动机 M1 连续正转。

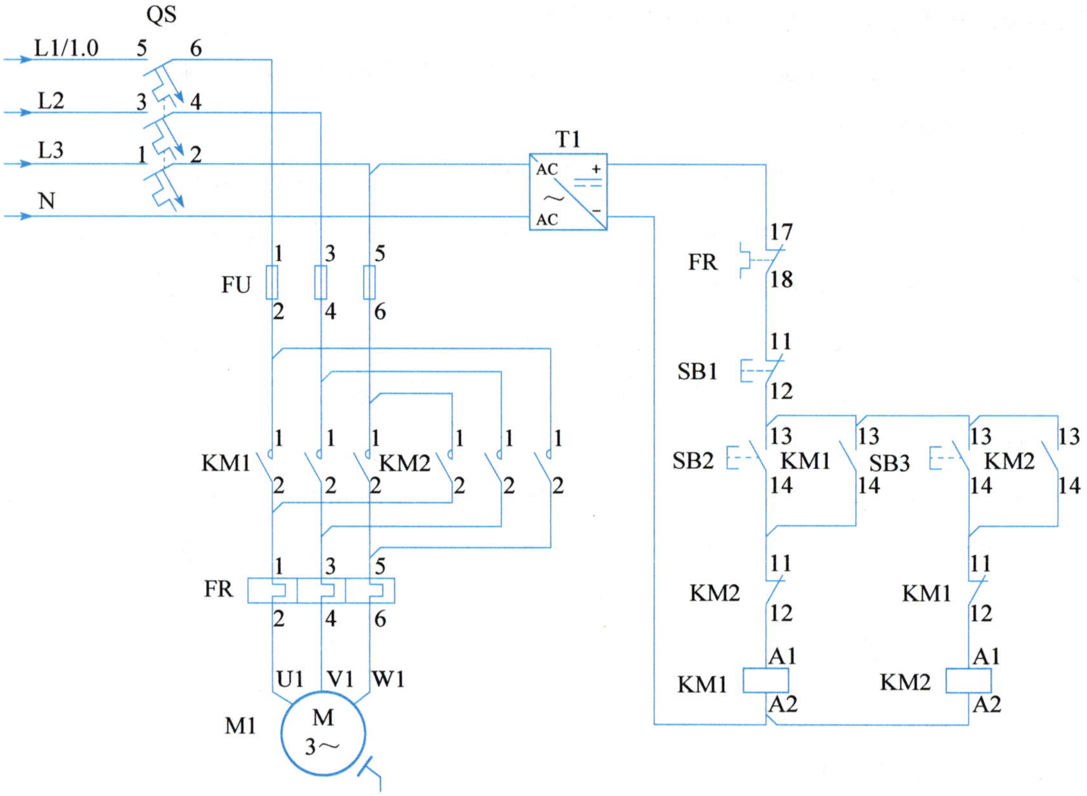

图 3-26　接触器联锁的电动机正反转连续运行控制电路

2）起动电动机反转。

按下起动按钮 SB1，KM1 线圈断电，KM1 主触点、辅助常开触点断开，辅助常闭触点恢复，解除对 KM2 的互锁，电动机 M1 停止正转。

按下起动按钮 SB3，KM2 线圈通电，KM2 主触点闭合，辅助常开触点闭合形成自锁，辅助常闭触点断开，与 KM1 线圈控制电路形成互锁，电动机 M1 连续反转。

3）停车。

按下 SB3，电动机 M1 停止运行。

4）联锁控制。

主电路中 KM1 连接电源顺序为 L1、L2、L3，KM2 连接电源顺序为 L3、L2、L1。在起动时，KM1 和 KM2 的线圈同时得电，其主触点就会同时闭合，此时，L1 相和 L3 相电源则会连在一起，主电路电源发生短路，从而损坏熔断器。为避免短路事故发生，就要求两个接触器线圈不能同时通电。因此，在控制电路中，将 KM1 的常闭触点串联到 KM2 的控制电路中，将 KM2 的常闭触点串联到 KM1 的控制电路中，即当 KM1 控制电路接通时，断开 KM2，两个接触器线圈不能同时得电，这种在同一时间里两个接触器只有一个工作的控制就称为“互锁”或“联锁”。

（2）接触器、按钮联锁的电动机正反转连续运行控制电路。

为克服接触器联锁正反转控制电路操作不便的缺点，把正转起动按钮 SB2 和反转起动按钮 SB3 换成两个复合按钮。这样，在接触器联锁的基础上，又加入了按钮联锁，构成了接触器、按钮联锁的电动机正反转连续运行控制电路，如图 3－27 所示。此电路整合了两种联锁正反转连续运行控制电路的优点，可直接进行正反转切换，操作方便，安全可靠性高。

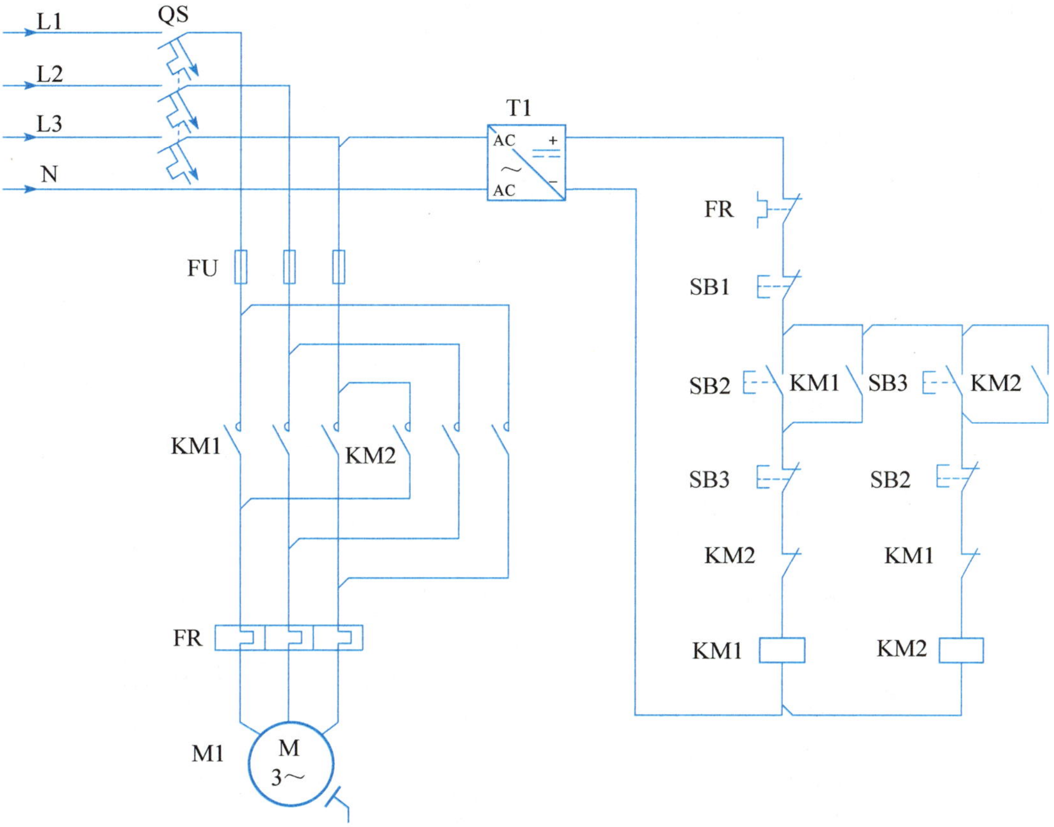

图 3－27　接触器、按钮联锁的电动机正反转连续运行控制电路

1）起动电动机正转。

按下起动按钮 SB2，SB2 常闭触点断开，KM2 线圈断电，切断反转控制，SB2 常开触点闭合，KM1 线圈通电，KM1 主触点闭合，辅助常开触点闭合形成自锁，辅助常闭触点断开，与 KM2 线圈控制电路形成互锁，电动机 M1 连续正转。

2）起动电动机反转。

按下起动按钮 SB3，SB3 常闭触点断开，KM1 线圈断电，切断正转控制，SB3 常开触点闭合，KM2 线圈得电，KM2 主触点闭合，辅助常开触点闭合形成自锁，辅助常闭触点断开，与 KM1 线圈控制电路形成互锁，电动机 M1 连续反转。

3）停车。

按下 SB3，电动机 M1 停止运行。

4. 案例 4：自动往返循环运动控制电路

工作台要求在两点间实现自动往返循环运动，其控制电路如图 3－28 所示，两个位置的行程开关为 SQ1 和 SQ2，当运行至 SQ1 位置时，电动机停止正转，开始反转；到达 SQ2 位置时停止反转，开始正转。

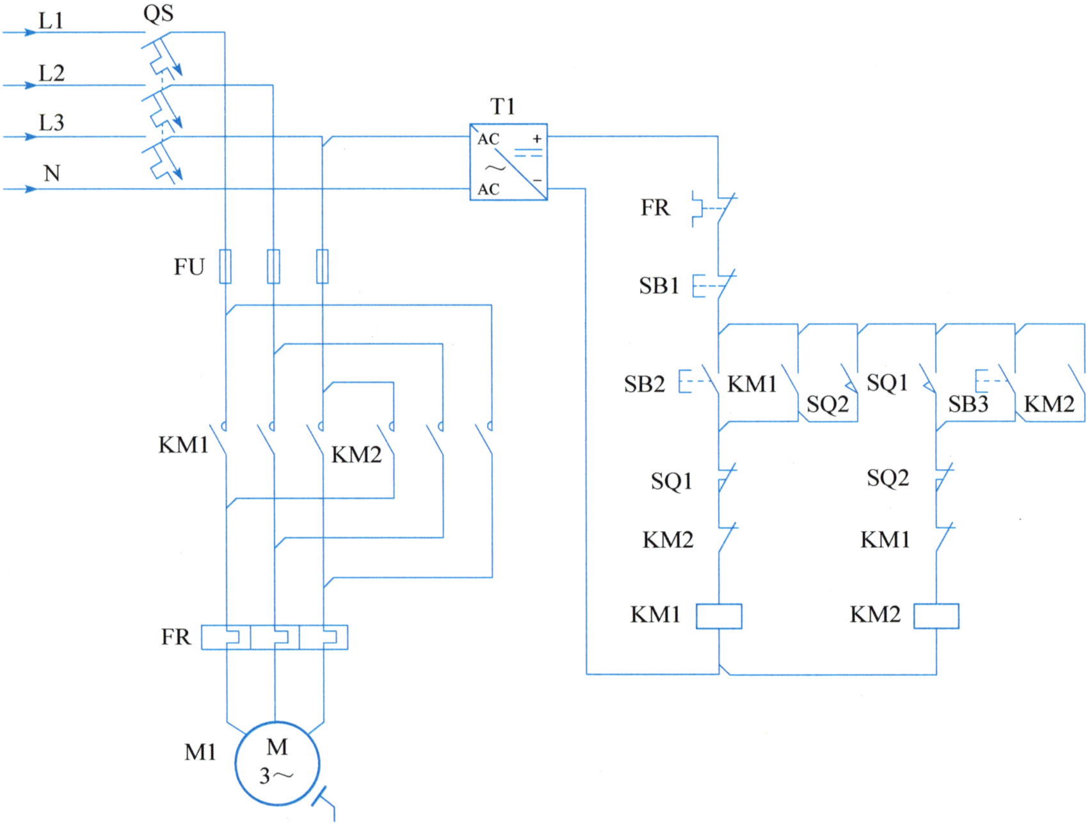

图 3－28　自动往返循环运动控制电路

自动往返循环运动控制电路的工作原理如下：

按下 SB2，KM1 线圈通电，KM1 常开触点闭合，形成自锁，常闭触点断开，形成对 KM2 的互锁，主触点闭合，电动机 M1 正转，直至限定位置，SQ1 常闭触点断开，KM1 线圈断电，KM1 常开触点断开，主触点断开，电动机 M1 停止正转；SQ1 常开触点闭合，KM2 线圈通电，KM2 常开触点闭合，形成自锁，常闭触点断开，形成对

KM1 的互锁，主触点闭合，电动机 M1 反转，直至限定位置，SQ2 常闭触点断开，KM2 线圈断电，KM2 常开触点断开，主触点断开，电动机 M1 停止反转。

电路自动重复上述过程，工作台在限定的行程内自动往返运动。

在工作台运动过程中的任意位置，按下停止按钮 SB1，工作台立即停止，再按下 SB2 或 SB3，工作台又开始左行或右行，进行自动往返运动。

5. 案例 5：电动机顺序起动控制电路

在实际生产中，一台机械设备往往装有多台电动机，各种电动机所起的作用是不同的，有时需要按一定的顺序起动或停止，才能保证操作过程的合理和设备工作的安全可靠。例如在机床中，需要润滑的电动机先起动后，主轴电动机才能起动，如果顺序颠倒就会造成设备的损坏。像这种要求几台电动机的起动或停止必须按一定的先后顺序来完成的控制方式，称为电动机的顺序控制。

图 3－29 所示为 M1、M2 顺序起动、同时停止的电路，主电路中，电动机 M1 和

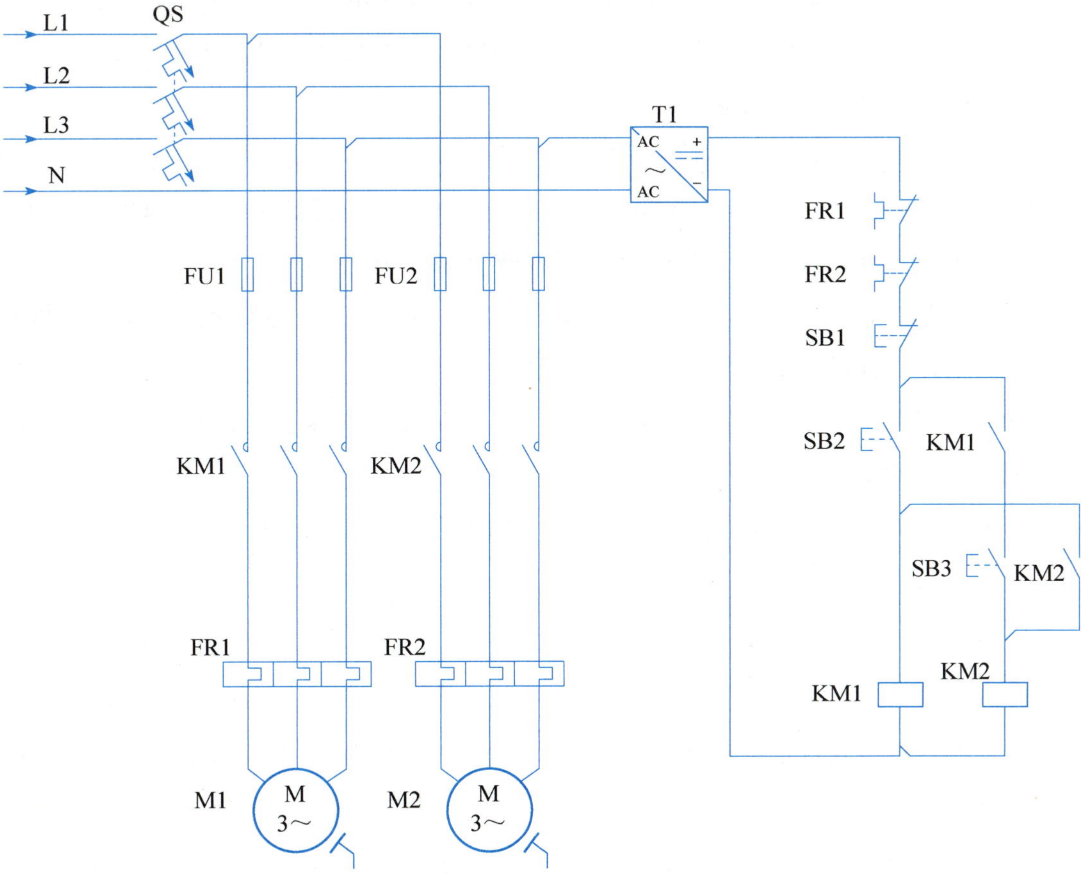

图 3－29　两台电动机顺序启动控制电路

M2 分别由接触器 KM1 和 KM2 控制。控制电路中，KM2 的线圈串接了 KM1 的常开触点，只有在 KM1 线圈通电后（电动机 M1 运转），KM1 常开触点闭合，KM2 的线圈才能通电，从而才能起动电动机 M2。

电路工作原理分析如下：

闭合电源开关 QS，按下按钮 SB2，KM1 线圈通电，KM1 主触点闭合，辅助常开触点闭合，形成自锁，电动机 M1 起动，连续运行。按下按钮 SB3，KM2 线圈得电，KM2 主触点闭合，辅助常开触点闭合，形成自锁，电动机 M2 起动，连续运行。

电动机 M1、M2 是同时停转的。因为按下停止按钮 SB1 后，控制电路中接触器 KM1、KM2 的线圈同时断电，主触点同时断开，所以 M1、M2 同时停转。

由上述分析可知，M1 和 M2 顺序起动的实现是在 KM2 线圈的电路中串联了 KM1 的常开触点。

6. 案例 6：Y -△降压起动控制电路

降压起动是指电动机起动时，降低加在其定子绕组上的电压；当电动机转速升至接近额定转速时，再将电压恢复至额定值。降压起动的目的是降低起动电流，减小因起动电流过大引起的供电线路的电压降。

由于电动机起动力矩与电压的平方成正比，降压起动时电动机的力矩相应降低，因此降压起动的方式只适用于空载或轻载起动。当电动机起动至接近稳定转速后，为使电动机带动额定负载，需将定子绕组上的电压恢复到额定值。

常用的降压起动方法有三种：Y -△降压起动、定子回路串电阻降压起动和自耦变压器降压起动。这里主要介绍 Y -△降压起动。

电动机起动时，先将定子绕组联结成 Y 形，当电动机转速上升到接近稳定转速时，再换接成△形联结，进入全压运行。

采用 Y 形联结时，相电压与电源的相电压相等；采用△形联结时，相电压与电源的线电压相等。因此 $U_{Y}=U_{\triangle}/\sqrt{3}$。

常用的三相交流电动机，采用 Y 形联结时起动电压为 220V，采用△形联结时为 380V。

△形联结的线电流是相电流的$\sqrt{3}$倍，Y 形联结的线电流等于相电流，故 Y 形联结的线电流等于△形联结线电流的 1/3，因而减小了对供电线路电压的影响。

自动切换的 Y -△降压起动电路使用时间继电器 KT 进行延时自动换接电路控制，其电路如图 3 - 30 所示。

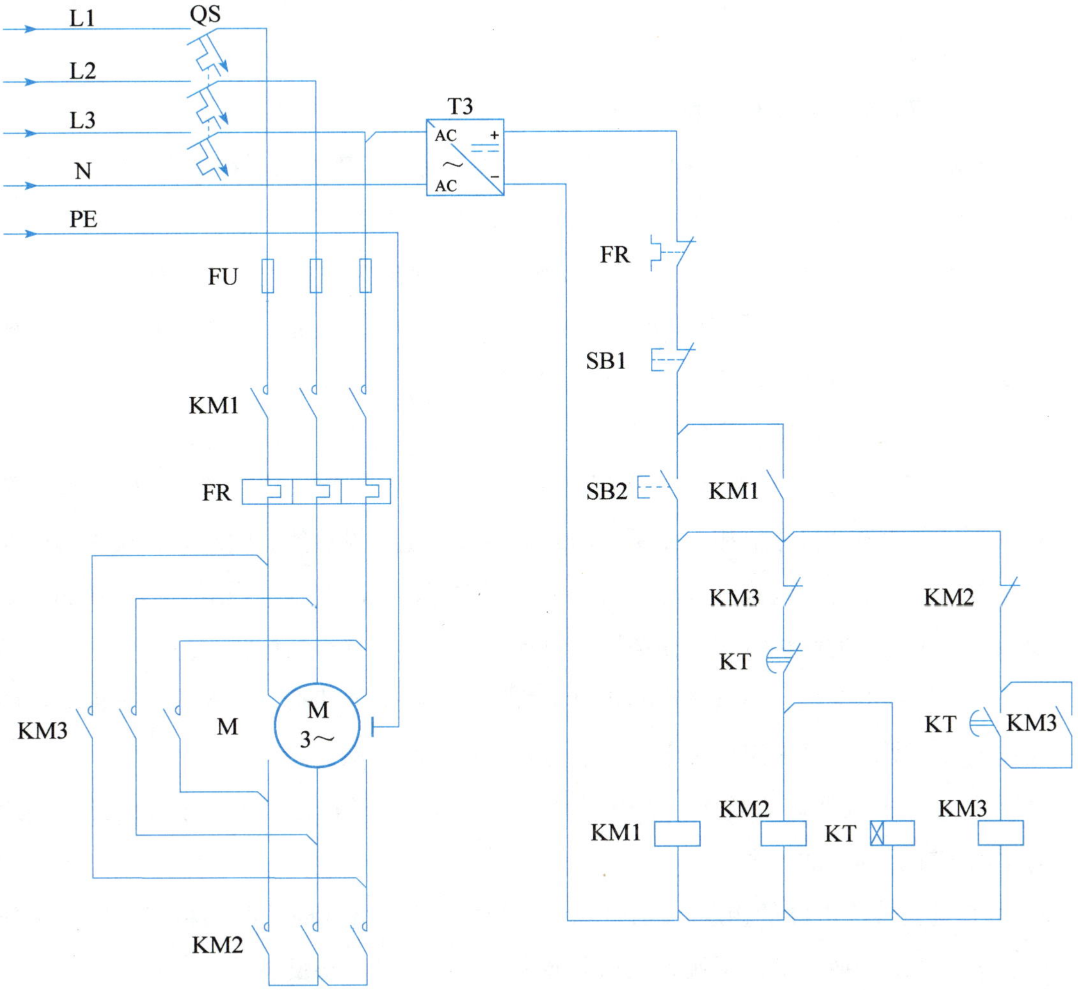

图 3－30　Y-△降压起动控制电路

其工作原理如下：闭合电源开关 QS 后，按下起动按钮 SB2，接触器 KM1、KM2 和时间继电器 KT 的电磁线圈同时得电吸合，KM2 的常闭触点断开，使 KM3 回路不能通电起到互锁作用，防止 KM1、KM2 与 KM3 同时闭合造成三相直接短路；KM2 的常开辅助触点闭合使 KM1 线圈得电吸合，KM1 常开触点闭合自锁；同时时间继电器开始计时，KM1 和 KM2 主触点闭合，电动机定子绕组为 Y 形联结，进行降压起动；当到达时间继电器整定的动作时间时，KT 延时常闭触点断开，KM2 的电磁线圈断电释放，在 KM3 电磁线圈支路上的常闭辅助触点恢复闭合，KM3 的电磁线圈通电，主触点闭合，电动机定子绕组由 Y 形联结转换为△形联结，电动机在额定电压下运行，串联在 KT 线圈支路上的 KM2 常闭辅助触点断开。

按下 SB1，工作的接触器 KM1、KM3 电磁线圈断电，触点复位，电动机停止转动，指示灯灭。

7. 案例 7：双速电动机控制

双速电动机属于变极调速异步电动机，通过改变定子绕组的联结方法（△形-双 Y 形变换）改变定子旋转磁场磁极对数，从而改变电动机的转速。

根据公式 $n_0=60f/p$ 可知，异步电动机的同步转速与磁极对数成反比，磁极对数增加一倍，同步转速 n_0 下降至原来的一半，电动机的额定转速 n 也将下降近一半，所以改变磁极对数可以达到改变电动机转速的目的。

（1）变极调速应用需注意的问题。

1）适用于鼠笼型异步电动机。根据电动机工作原理可知，只有在定、转子极对数相同时，两者的磁动势才能相互作用。因此，在改变定子极对数的同时，也要相应改变转子的极对数。这对绕线式异步电动机来说很不方便，在改变定子绕组联结方式的同时还要改变转子绕组的联结方式，使绕线式电动机定、转子绕组结构相当复杂，故一般不采用绕线式异步电动机。而鼠笼型异步电动机转子的极对数能够自动随着定子极对数的变化而变化，所以变极调速所用电动机都是鼠笼型异步电动机。

2）适用于有级调速的场合。变极调速是有级调速，且转速等级有限，因此只适用于对平滑调速无要求的场合。

3）应注意改变电源的相序。当改变定子绕组的联结方式时，必须将三相绕组中任意两相的出线端交换一下，再接到三相电源上，否则电动机将反向转动。

（2）双速电动机的接线。

图 3－31 所示为△形-双 Y 形变换的变极调速原理图。电动机定子三相绕组的每一相均由两个绕组构成，图 3－31（a）所示为定子绕组结构示意图，改变接线方法可获得两种接法：

图 3－31（b）为△形联结，电动机端子 1、2、3 接电源，端子 4、5、6 悬空，将每相两个绕组串联后，再将三相接成△形，绕组将产生四对磁极的旋转磁场，此时电动机低速运行。

图 3－31（c）为双 Y 形联结，电动机端子 4、5、6 接电源，端子 1、2、3 短接，将每相两个绕组并联后，再将三相接成 Y 形，绕组将产生两对磁极的旋转磁场，此时电动机高速运行。

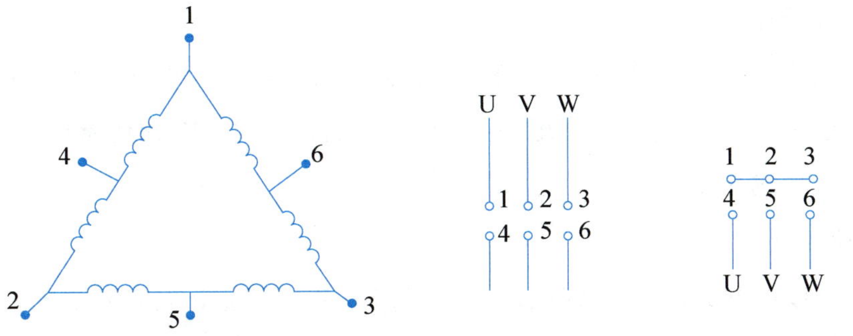

（a）电动机定子绕组结构示意图　（b）△形联结　（c）双Y形联结

图 3－31　△形-双 Y 形变换的变极调速原理图

（3）双速电动机手动控制电路。

图 3－32 所示为双速电动机手动控制电路。KM1 主触点闭合，电动机定子绕组为△形联结；KM2 和 KM3 主触点闭合，电动机定子绕组为双 Y 形联结。SB2 为低速起动按钮，SB3 为高速起动按钮。

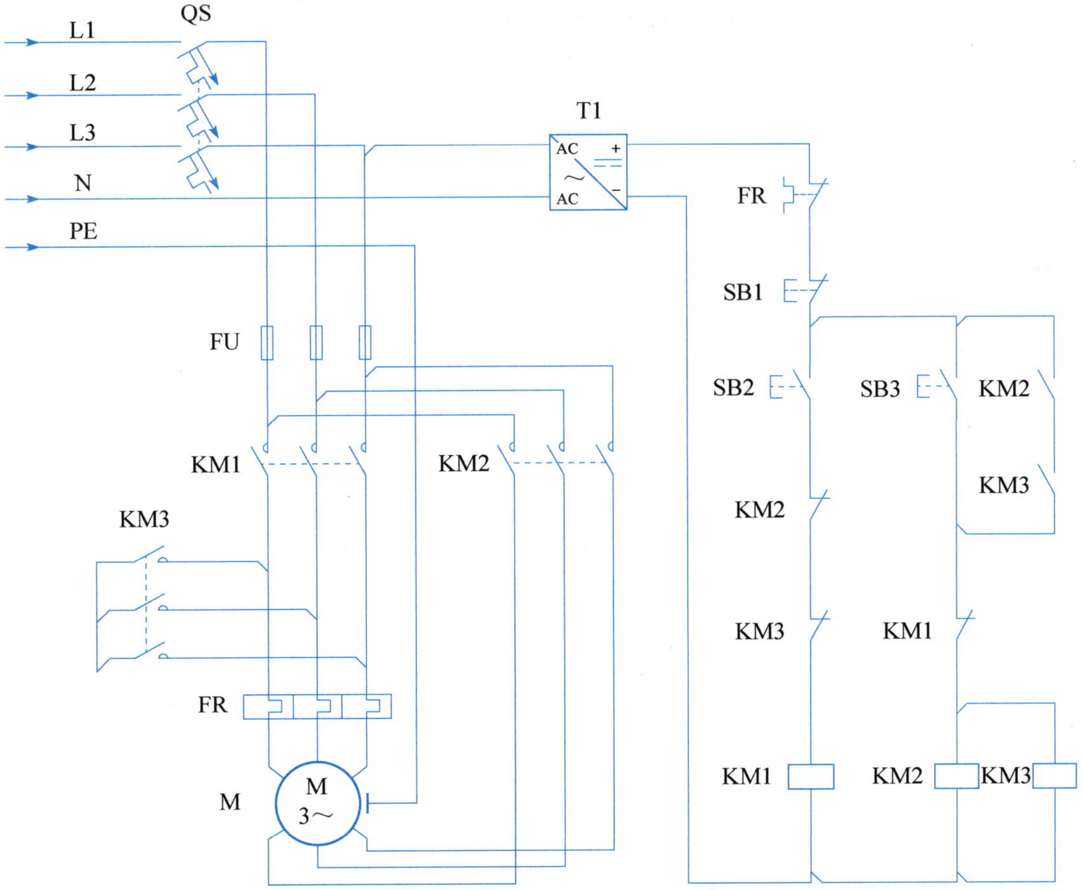

图 3－32　双速电动机手动控制电路

1）低速控制。

按下按钮 SB2，KM1 线圈通电，KM1 主触点闭合，双速电动机定子绕组联结成△形，以低速运转，KM1 辅助常开触点闭合，形成自锁，KM1 辅助常闭触点断开，对 KM2 和 KM3 形成互锁。

2）高速控制。

按下停止按钮 SB1，KM1 线圈断电，双速电动机停止运行，然后按下按钮 SB3，KM2 和 KM3 线圈同时得电，KM2、KM3 主触点闭合，双速电动机定子绕组联结成双 Y 形，以高速运转，KM2、KM3 辅助常开触点闭合，形成自锁，KM2、KM3 辅助常闭触点断开，对 KM1 形成互锁。

3）停止控制。

按下停止按钮 SB1，双速电动机停止运行。

骐骥一跃，不能十步；
驽马十驾，功在不舍。

任务实施

一、电路安装与调试流程

本任务电路的安装与调试流程如图 3 - 33 所示。

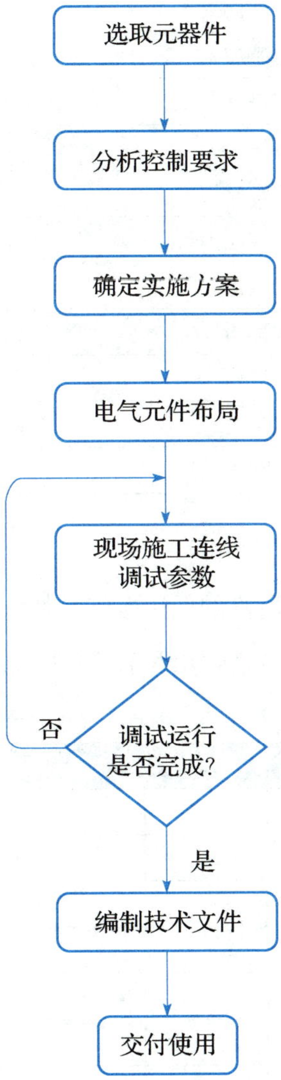

图 3 - 33　本任务电路的安装与调试流程

1. 器材准备（见表 3 - 2）

表 3 - 2　领料清单

序号	名称	单位	数量
1	断路器	个	1
2	熔断器	个	1
3	中间继电器	个	1
4	直流电源	个	1
5	电磁阀	个	1
6	光电感应器	个	2
7	电气控制网孔板	块	1
8	万用表	个	1
9	一字螺丝刀	把	1
10	十字螺丝刀	把	1
11	剥线钳	把	1
12	尖嘴钳	把	1
13	斜口钳	把	1
14	验电笔	支	1
15	兆欧表	个	1

2. 选择与检测电路元器件

（1）识读电气原理图，选择所需的低压电气元件，记录其型号、规格、数量。逐个检验电气元件的规格和质量是否合格，填写表 3 - 3。

表 3 - 3　电气元件记录表

元件名称	图形符号	型号	数量	额定电压	额定电流	主要作用	检测情况

（2）正确选配导线的规格和数量、接线板型号等。

（3）把检测好的器材整齐地放在工作台上。

3. 布置元器件

（1）首先画出元器件布置图，按图在接线板上安装电气元件。

（2）按电气原理图接线。

4. 通电前检查

在通电运行前，应做好通电前检查，测量各点通断情况。若发现异常，则逐级检查元器件或导线，及时排除故障。

5. 通电调试

在实操过程中，对出现的故障现象做好记录。填写表 3－4。

表 3－4　电路中出现的故障

故障现象	故障原因	排除方法

6. 断电

完成后，应先切断电动机的三相交流电源，然后整理现场。

二、检验评估

检验评估表见表 3－5。

表 3－5　检验评估表

序号	检验项目	内容	是否合格
1	安全文明生产	1. 断电或带电作业	合格（　）/不合格（　）
		2. 劳保用品穿戴整齐	合格（　）/不合格（　）
		3. 电工工具准备齐全	合格（　）/不合格（　）
		4. 遵守操作规程	合格（　）/不合格（　）
		5. 清理现场	合格（　）/不合格（　）
2	元器件安装	1. 元器件的质量检查	合格（　）/不合格（　）
		2. 正确使用工具和仪表	合格（　）/不合格（　）
		3. 熟练地安装电气元件	合格（　）/不合格（　）
		4. 元器件在接线板上布置要合理，安装要准确、紧固	合格（　）/不合格（　）
3	线路敷设	1. 按图安装接线	合格（　）/不合格（　）
		2. 线路敷设整齐、横平竖直、不交叉、不跨接	合格（　）/不合格（　）
		3. 导线压接紧固、规范、不伤线芯	合格（　）/不合格（　）
4	通电试车	1. 调试电磁阀和物料感应器	合格（　）/不合格（　）
		2. 正确选配熔体	合格（　）/不合格（　）
		3. 通电成功	合格（　）/不合格（　）

任务四 烤炉的电气控制

学习目标

知识目标

- 掌握变频器的工作原理、安装接线和参数设置。
- 熟悉电子温控器的使用方法。
- 掌握电动机控制电路的安装方法。

能力目标

- 具备识读复杂电路的能力。
- 具备排除设备故障的能力。
- 具备分析电气控制线路、正确接线的能力。

素质目标

- 强化变频器调试过程中的安全规范意识。
- 培养高效、严谨的工作态度。
- 培养责任意识。

任务描述

目前，车间内有一烤炉，需要自主设计其电控部分，电控原理图如图 4－1 所示。请根据产品工艺要求进行电控设计，并制作电控部分 BOM 清单。设计要求为：安全电路部分，要求具有熔断器、断路器、相序控制器等；控制电路部分，要求具有输送链板传送、风机全速抽风功能。

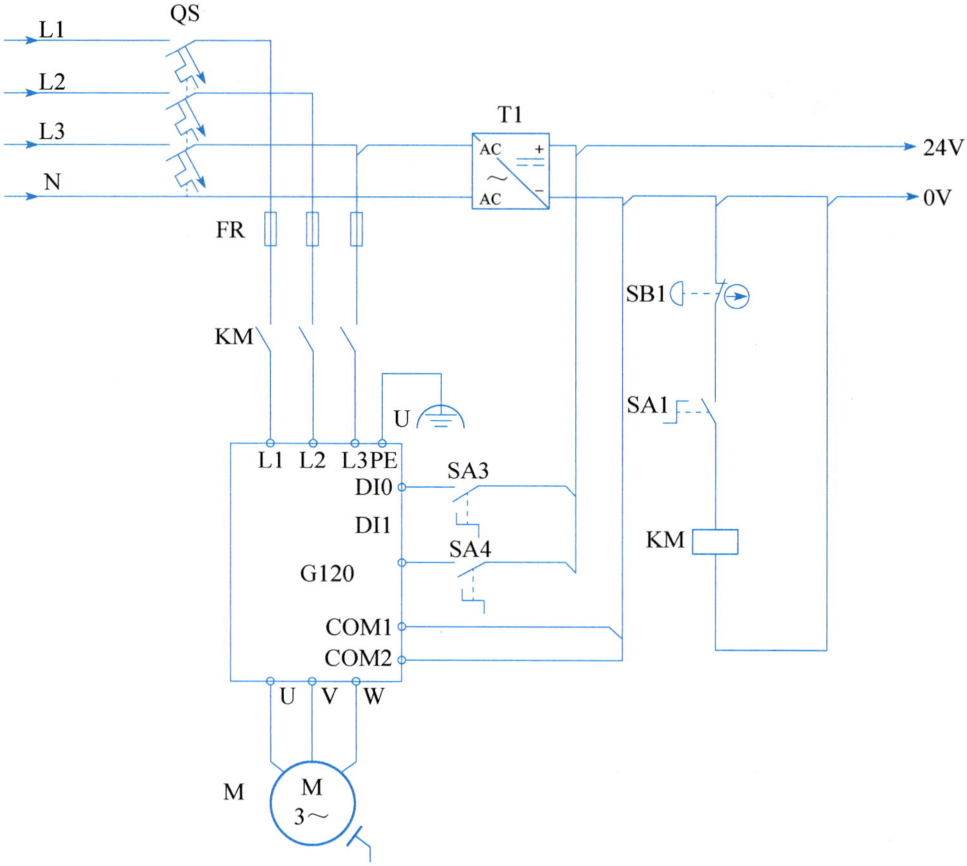

图 4－1 电控原理图

控制流程如下：

（1）当闭合断路器时，主电源引入 380V 电网。

（2）拨动旋转开关 SA1 时，交流接触器 KM 闭合，主电源通电，变频器通电，指示灯绿灯亮。

（3）拨动旋转开关 SA3 时，变频器控制输送链板电动机以 200r/min 速度进行正转。

（4）拨动旋转开关 SA4 时，电动机自动起动，输送链板以最慢 10r/min 的转速运转。

（5）当按下急停按钮 SB1 时，运动部分停止运转。

通过本任务的学习，学生能够熟悉低压电气元件的原理及使用，学会操作 G120 变频器并熟悉其参数功能，掌握电路图的分析方法，掌握变频器结构和工作原理，熟练使用变频器对电动机进行各种控制。

相关知识

一、西门子 G120 变频器

变频器（Variable-Frequency Drive）是利用电力半导体器件的通断作用将工频电源变换为另一频率的电能控制装置，它能实现对交流异步电动机的软起动、变频调速、过流/过压/过载保护，以及提高运转精度和改变功率因素等功能。常见的变频器有 ABB、西门子、伦茨、施耐德、三菱、富士、安川、东元、台达、科姆龙、森兰、康沃等系列。图 4－2 所示为西门子 G120 变频器。

图 4－2　西门子 G120 变频器

1. 变频器的分类

变频器的分类方法有很多种，按照主电路工作方式，可以分为电压型变频器和电流型变频器；按照开关方式，可以分为 PAM 控制变频器、PWM 控制变频器和高载频 PWM 控制变频器；按照工作原理，可以分为 V/f 控制变频器、转差频率控制变频器和矢量控制变频器等；按照用途，可以分为通用变频器、高性能专用变频器、高频变频器、单相变频器和三相变频器等。

2. 变频器的作用

（1）变频节能。

变频节能作用主要表现在风机、水泵的应用上。为了保证生产的可靠性，各种生产机械在设计配用动力驱动时，都留有一定的余量。当电动机不能在满负荷下运行时，除达到动力驱动要求外，多余的力矩增加了有功功率的消耗，造成了电能的浪费。风机、水泵等设备的传统调速方法是通过调节入口或出口的挡板、阀门开度来调节给风量和给水量的，其输入功率大，且大量的能源消耗在挡板、阀门的截流过程中。当使用变频器调速时，如果要求流量减小，通过降低水泵或风机的转速即可满足要求。

（2）功率因数补偿节能。

无功功率不仅会增加线损和设备的发热，更主要的是功率因数的降低会导致电网有功功率的降低，大量的无功电能消耗在线路当中，设备使用效率低下，能源浪费严重。

使用变频器后，由于变频器内部滤波电容的作用，减少了无功损耗，增加了电网的有功功率。

（3）软起动节能。

电动机硬起动不仅会对电网造成强烈的冲击，还会对电网容量要求过高，起动时产生的大电流和振动对挡板和阀门的损害极大，对设备、管路的使用寿命极为不利。使用变频器后，利用变频器的软起动功能使起动电流从零开始，最大值也不超过额定电流，减轻了对电网的冲击，降低了对供电容量的要求，延长了设备和阀门的使用寿命，节省了设备的维护费用。

3. 变频器的配线

各变频器都有标准的接线方式，用户在使用变频器时，应严格按照其操作说明书来安装、接线。

打开输入/输出侧端子滑盖及控制板端子滑盖后，露出接线端子排，检查各主电路及控制电路的端子是否标识清楚，在接线时遵循各项说明，千万不要接错线。

变频器的主电路电源端子 L1、L2、L3 是输入电源端，如图 4－3 所示。如果将电源错误连接于其他端子，则会损坏电源。另外，应确认电源在铭牌标识的允许电压/电流范围内（参考产品铭牌）。

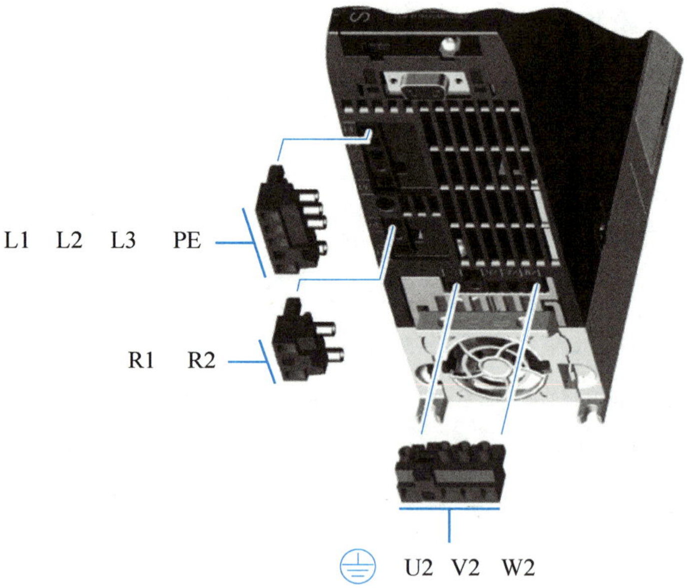

图 4－3 变频器主电路电源端子

接地端子必须良好接地，一方面可以防止电击或发生火灾事故，另一方面能降低噪声。各接线端子与导线间的螺钉要确认锁紧，以防振动松脱产生火花。

若要改变接线，应先关掉变频器的电源。因为内部回路直流部分滤波电容器完全放电需要一定时间。为避免危险，用直流电压表测量输入端子的电压，确认电压值小于 25V 的安全电压值后，才能开始进行配线。若变频器未充分放电，内部有残留电压，此时进行配线会造成电路短路并发生火花现象，所以使用者最好在无电压条件下进行作业以确保自身安全。

配线作业应由专业人员进行。确认电源断开后才可作业，否则可能发生触电事故。

配线时，配线线径规格的选定依照相关标准规定进行，以保证安全。

完成电路配线后，请再次检查以下几点：

（1）所有连接是否都正确无误。

（2）有无遗漏接线。

（3）各端子和连接线之间是否有短路或对地短路。

变频器面板

4. 变频器面板

G120 变频器面板如图 4－4 所示。

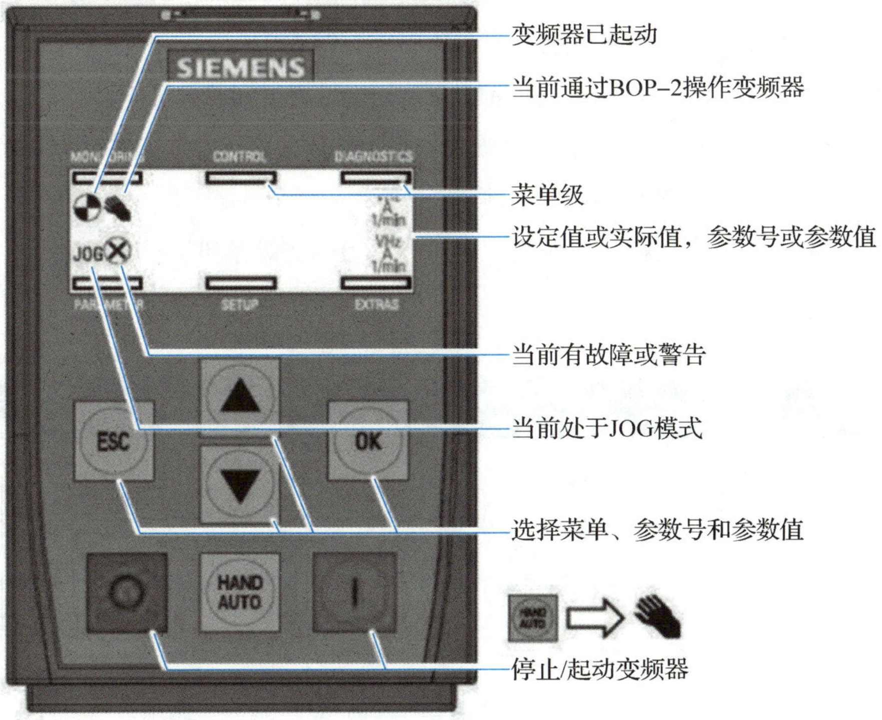

图 4－4　G120 变频器面板

（1）菜单结构（见图 4－5）。

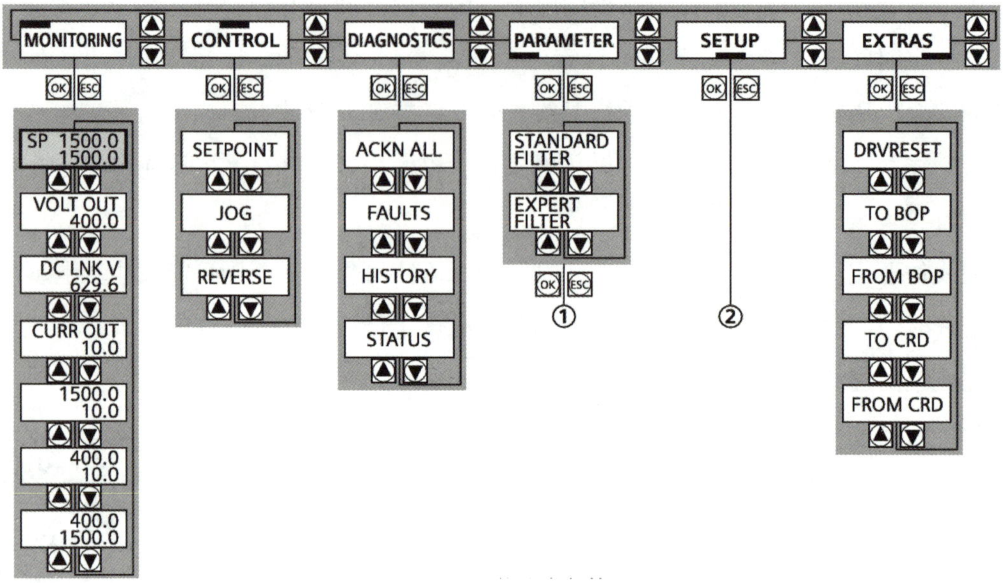

图 4－5　G120 变频器面板菜单结构

1）MONITORING：显示变频器/电动机系统的实际状态。

2）CONTROL：可以激活设定值、点动或反向模式。

3）DIAGNOSTICS：可以确认故障或警告，显示历史和状态。

4）PARAMETER：可以查看并修改参数值。

5）SETUP：可以对变频器进行基本调试。

6）EXTRAS：可以执行附加功能，如通过 BOP－2 保存和复制数据集。

（2）面板功能（见表 4－1）。

表 4－1　面板功能

图标	功能	状态	描述
	控制源	手动模式	“HAND”模式下会显示，“AUTO”模式下没有显示
	变频器状态	运行状态	变频器处于运行状态
JOG	“JOG”模式	点动模式	—
	故障和警告	静止表示警告，闪烁表示故障	故障时闪烁，变频器自动停止、静止时处于警告状态

（3）按键功能（见表 4－2）。

表 4－2　按键功能

按键	名称	功能
	确认键	浏览菜单时，按确认键确定选择一个菜单项。 进行参数操作时，按确认键允许修改参数。再次按确认键，确认输入的值并返回上一页。 屏幕上显示故障时，按确认键清除故障
	向上键	浏览菜单时，按向上键向上移动选择。 编辑参数值时增加显示值。 如果激活手动模式和点动模式，同时长按向上键和向下键有以下作用：当反向模式开启时，关闭反向模式；当反向模式关闭时，开启反向模式
	向下键	浏览菜单时，按向下键向下移动选择。 编辑参数值时减小显示值
	退出键	如果按下时间不超过 2s，则 BOP－2 返回上一页，或者如果正在编辑数值，新数值不会被保存。 如果按下时间超过 3s，则 BOP－2 返回状态屏幕。 在参数编辑模式下使用退出键时，除非先按确认键，否则数据不能被保存
	起动键	在自动模式下，起动键未被激活，即使按下它也会被忽略。在手动模式下，起动变频器将显示变频器运行图标
	停止键	在自动模式下，停止键不起作用，即使按下它也会被忽略。 如果按下时间超过 2s，变频器将执行 OFF2 命令，电动机将停机。 如果按下时间不超过 3s，变频器将执行以下操作： ● 如果两次按关机键不超过 2s，变频器将执行 OFF2 命令。 ● 如果在手动模式下，变频器将执行 OFF1 命令；电动机将在参数 P1121 中设置的减速时间内停机
	手动/自动键	切换 BOP（手动）和现场总线（自动）之间的命令源。 在手动模式下，按手动/自动键将变频器切换到自动模式，并禁用开机键和关机键。 在自动模式下，按手动/自动键将变频器切换到手动模式，并启用开机键和关机键。在电动机运行时也可切换手动模式和自动模式

（4）变频器端子。

变频器端子及其功能如图 4－6 所示。

图 4－6　变频器端子及其功能

变频器外部端子

端子 1、2 为变频器 10V 直流电源端子。端子 3、4 为一对模拟信号输入端子，可输入模拟量电压信号或电流信号，经过模/数转换器，将模拟信号转换为数字信号，传输给 CPU 来控制系统。端子 12、13 为模拟量输出端子。端子 21、22 为数字量输出端子。端子 14、15 为电动机温度传感器端子。端子 28 为总参考电位端子。端子 69、34 为数字量输入端参考电位端子，其中端子 69 为 DI0、DI2、DI4 的参考电位端子，端子 34 为 DI1、DI3、DI5 的参考电位端子。端子 5、6、7、8、16、17 为六个数字量输入端子，数字输入信号经光耦合隔离输入 CPU，对电动机进行控制。端子 18、19、20 为数字量输出端子，18 为常闭触点、19 为常开触点，20 为共用触点。端子 9 提供 24V 输出电压。

5. 变频器快速调试

（1）开始快速调试。

按退出键进入菜单，使用向上键或向下键将光标移至 SETUP，然后按确认键，如图 4－7 所示。完成后屏幕将自动按调试顺序显示下一个参数。根据使用的电动机设置电动机参数，跳过不相关的参数。

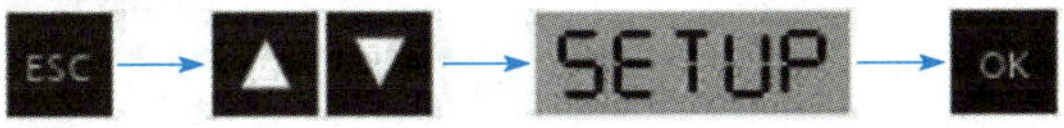

图 4－7　开始快速调试

（2）变频器复位。

如图 4－8 所示，当面板显示 RESET 时，按确认键，再按向上键或向下键将值改为 YES，按确认键并等待 BUSY 标志消失，所有值恢复到出厂设置。

图 4－8　变频器复位

（3）设置相关参数。

按照顺序依次设置控制模式、电源频率、电动机参数、最小频率、加减速时间等，完成快速调试。

6. 用 BOP－2 实现 G120 的基本调试

通常一台新的变频器，一般需要经过图 4－9 所示的三个步骤进行调试。

图 4－9　变频器基本调试

（1）参数复位。

初次使用 G120 变频器或在调试过程中出现异常或已经使用过需要再重新调试，这些情况下都需要对变频器进行参数复位，即将变频器恢复到出厂设置。通过 BOP－2 恢复出厂设置可以采用两种方式：一种是通过“EXTRAS”菜单项的“DRVRESET”实现，另一种是通过快速调速“SETUP”菜单项中集成的“RESET”实现。该部分主要介绍通过“EXTRAS”菜单项的“DRVRESET”恢复出厂设置的步骤，见表 4－3。

表 4－3　通过 BOP－2 恢复出厂设置步骤

步骤	BOP－2 显示
使用向上键或向下键将光标移动到“EXTRAS”	
按确认键进入“EXTRAS”菜单，使用向上键或向下键找到“DRVRESET”	
按确认键激活恢复出厂设置，按退出键取消	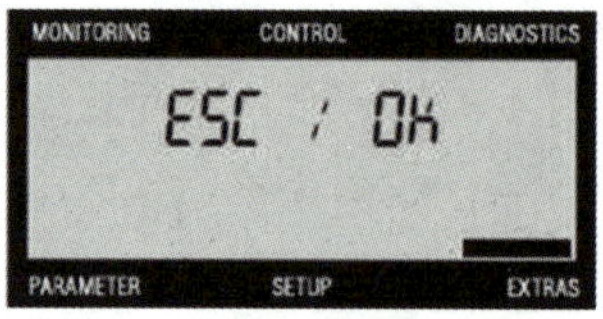
按确认键后开始恢复参数，BOP－2 上会显示 BUSY	
复位完成后，BOP－2 显示 DONE	

快速调试的步骤

（2）快速调试。

使用 BOP－2 进行快速调试步骤如下：

1）使用向上键或向下键将光标移动到“SETUP”，按确认键进入“SETUP”菜单。

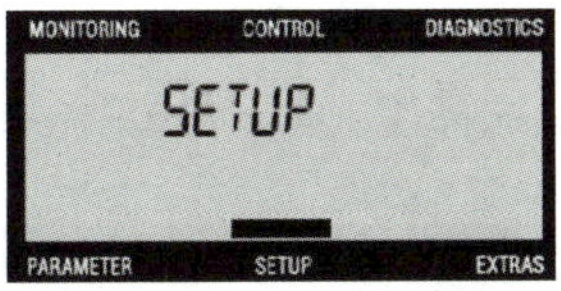

2）使用向上键或向下键找到“RESET”，按确认键，选择 YES，激活恢复出厂设置。

3）自动进行快速调试，屏幕显示 P96，选择 P96＝0 EXPERT（第三方电动机），按确认键。

4）按电动机铭牌参数依次输入。屏幕显示 P100，选择电动机标准，通常国内使用的电动机为 IEC 电动机。

P100	0	IEC（50Hz,kW）
	1	NEMA（60Hz,hp）
	2	NEMA（60Hz,kW）

使用向上键或向下键，选择 P100＝0kW/50Hz，按确认键确认。

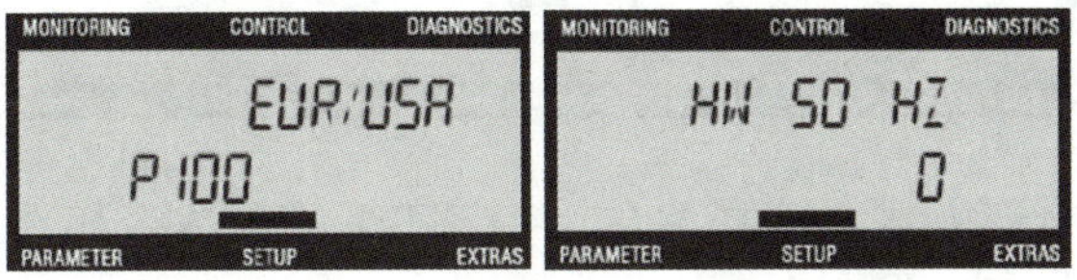

5）设置过载能力。选择 P205＝1 LOW OVL（轻过载），按确认键确认。

P205	0	HIGH OVL
	1	LOW OVL

6）设置设备输入电压。选择 P210＝400V，按确认键确认。

7）设置电动机类型。选择 P300＝1，按确认键确认。

P300	0	没有电动机
	1	异步电动机
	2	同步电动机
	3	1LA7 标准异步电动机

8）设置电动机以 87Hz 运行，按确认键确认。

9）设置电动机的额定电压。选择 P304＝400V，按确认键确认。

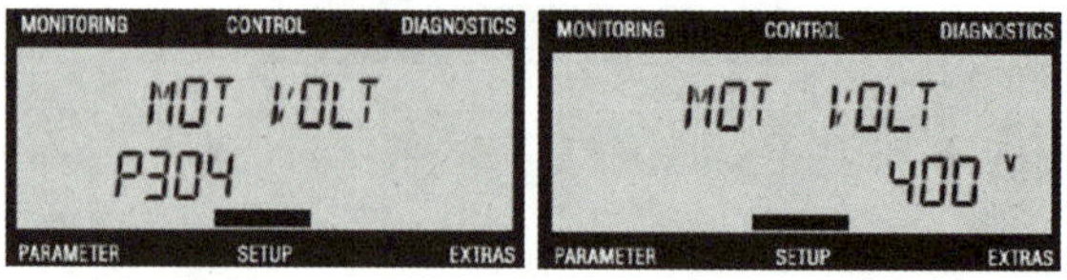

10）设置电动机的额定电流。选择 P305＝1A，按确认键确认。

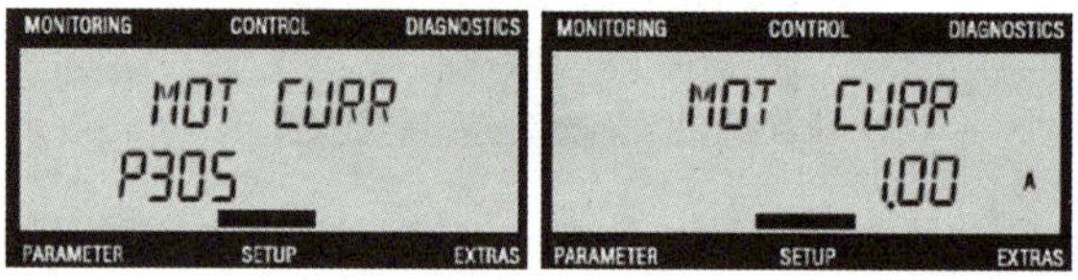

11）设置电动机输入功率。选择 P307＝0.37W，按确认键确认。

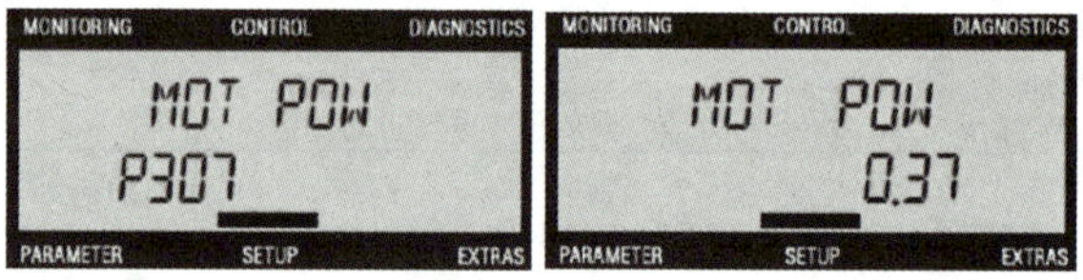

12）设置电动机的额定转速。选择 P311＝1395r/min，按确认键确认。

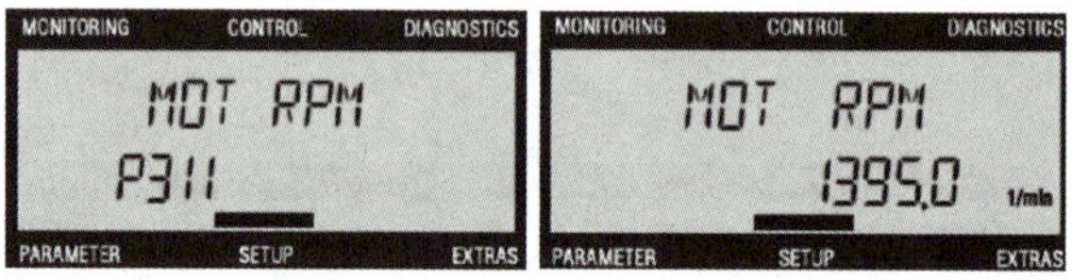

13）设置电动机冷却方式。选择 P335＝0 SELF（自然冷却）。

14）设置电动机应用的场合。选择 P500＝0 VEC STD（其他应用）。

15）设置变频器的控制方式。选择 P1300＝0 VF LIN（特性曲线 V/f），按确认键确认。

P1300	0	采用线性特性曲线的 V/f 控制
	2	采用抛物线性特性曲线的 V/f 控制
	20	转速控制（无编码器）

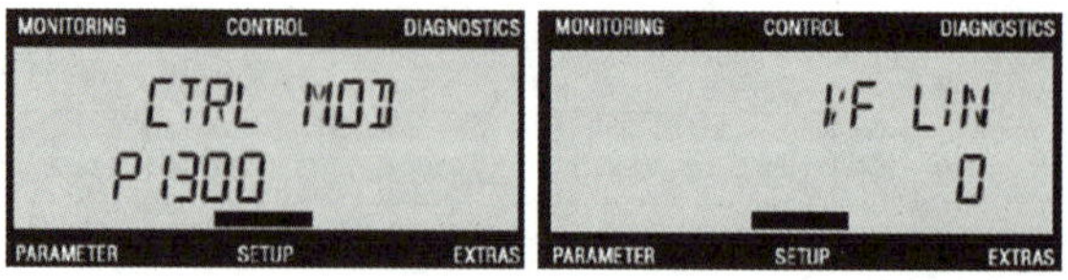

16）设置宏定义。选择 P15＝7。每个项目不同，具体查看项目。

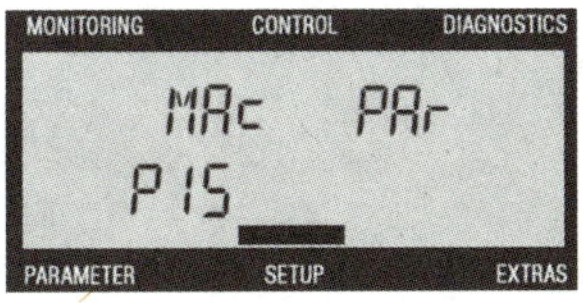

17）设置电动机最小转速。选择 P1080＝0。

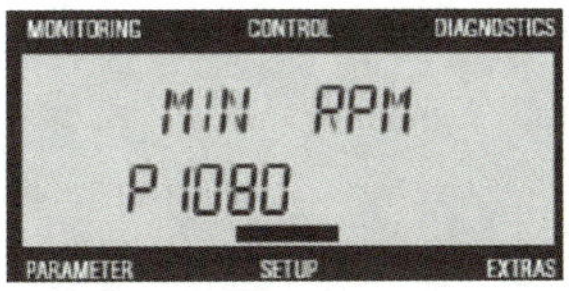

18）设置电动机最大转速。选择 P1082＝1500。

19）设置斜坡上升时间（电动机从静止状态加速到运行频率所用的时间）。选择 P1120 设置电动机加速时间。

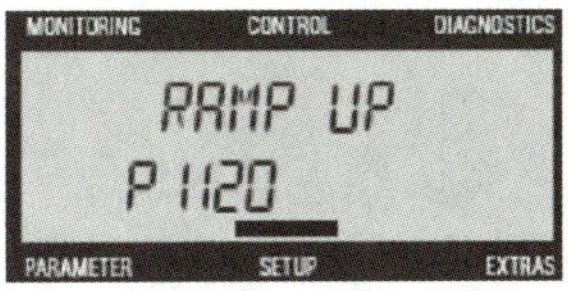

20）设置斜坡下降时间（电动机从运行频率减速到静止状态所用的时间）。选择 P1121 设置电动机减速时间。

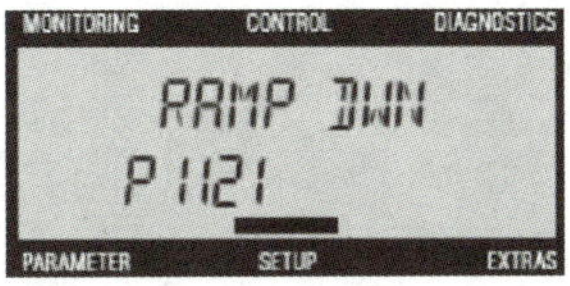

21）设置指令的减速时间。选择 P1135＝0 OFF3。

22）设置电动机识别和速度控制器的优化 P1900＝0 OFF（无电动机数据测量）不做优化 。

P1900	0	关闭
	1	静态电动机检测和旋转电动机检测
	2	静态电动机检测
	3	旋转电动机检测

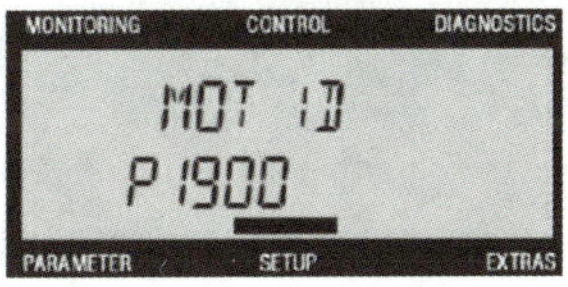

23）自动显示 FINISH，选择 YES，按确认键，保持数据参数，设置完成。

“BUSY”表示变频器处于参数修改的进程中。

“DONE”表示调试完成，若有故障，则会显示“FAULT”，排除故障，再重新调试。

（3）功能调试。

1）按下手动/自动键可以切换变频器的手动/自动模式。手动模式下面板上会显示  符号。手动模式下有手动运行和点动运行：两种控制方式。

手动运行：通过面板上的起动键和停止键控制变频器起动和停止，通过“SETPOINT”功能修改运行速度。

点动运行：按下起动键，变频器按照点动速度运行；释放起动键，变频器停止。点动运行的速度在 P1058 中设置。

2）在“CONTROL”菜单下提供了三个功能：

SETPOINT：用来设置变频器手动运行方式的运行速度。

REVERSE：改变旋转方向。

JOG：使能点动控制。

①进入“CONTROL”菜单。

a. 使用向上键或向下键将光标移动到“CONTROL”菜单。

b. 如果没有切换到手动模式，面板上不显示  符号，按确认键进入“CONTROL”菜单，会显示“NO HAND”，无法进入“CONTROL”菜单。

如果已经切换到手动模式，面板上显示  符号，按确认键进入“CONTROL”菜单。

c. 选择 OFF 取消点动运行。选择 ON 激活点动运行，激活点动运行后面板上会显示 **JOG** 符号。

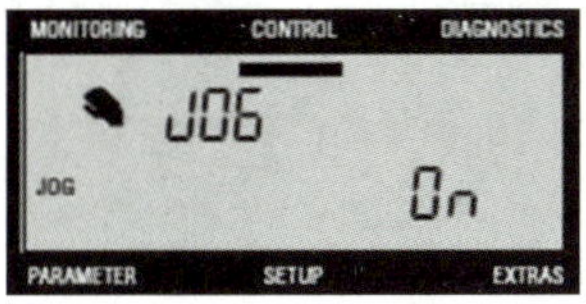

②调试 REVERSE 功能。

a. 在“CONTROL”菜单下使用向上键或向下键选择“REVERSE”，按确认键进入。

b. 选择 OFF 取消反向运行。选择 ON 激活反向运行，激活反向运行后，变频器会通过改变手动运行或点动运行的速度设定值符号使电动机反向旋转。

③调试 SETPOINT 功能。

在“CONTROL”菜单下使用向上键或向下键选择“SETPOINT”，按确认键进入，可以修改“SP_0.0”设定值，修改值立即生效，按起动键起动设备，不需要时按退出键退出。

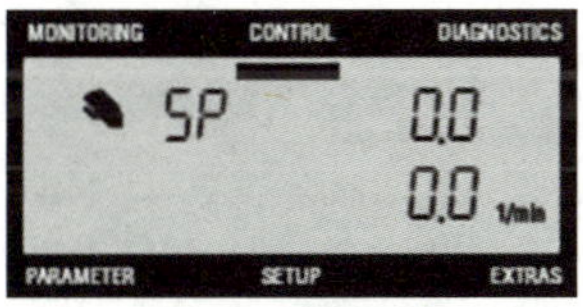

④调试 JOG 功能。

在“CONTROL”菜单下使用向上键或向下键选择“JOG”，按确认键进入，同时长按向上键和向下键可以修改点动的方向。

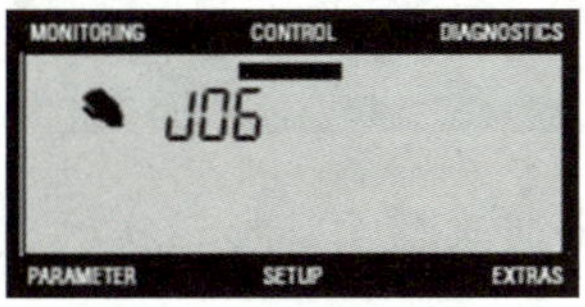

（4）运行数据的监控。

在“MONITORING”菜单项下的各个画面，显示设备运行时的速度、电压和电流值。

1）使用向上键或向下键将光标移动到“MONITORING”，按确认键，默认画面是显示设备运行时的设定速度和实际速度。

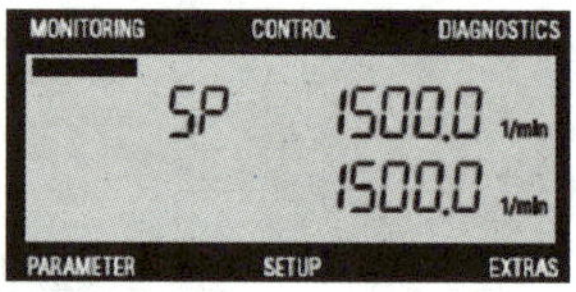

2）使用向上键或向下键切换到“VOLT OUT”，显示输出电压值。切换到“DC LINK V”，显示直流母线的电压值。

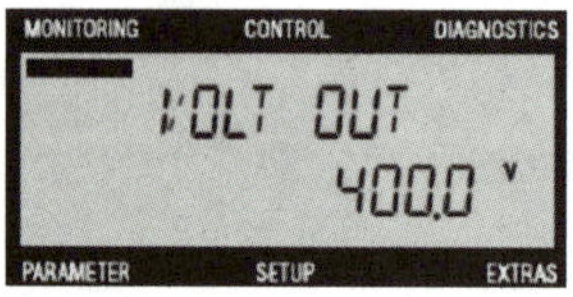

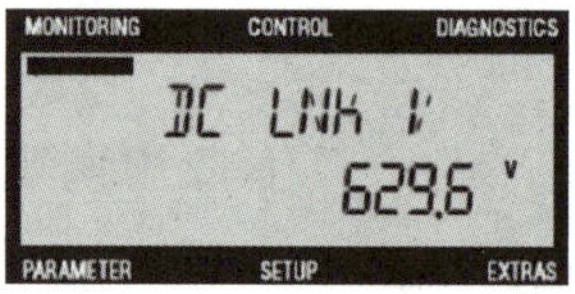

3）使用向上键或向下键切换到“CURR OUT”，显示输出电流值。切换到“FREQ”，显示实际运行频率值。

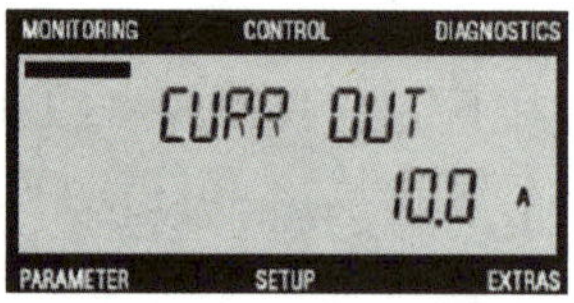

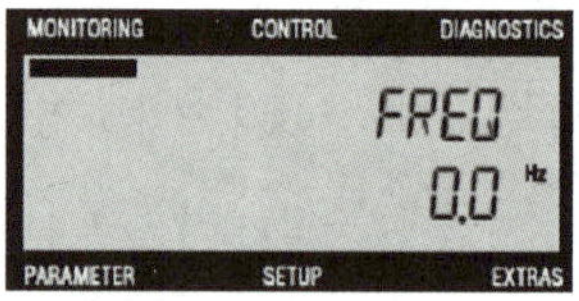

4）使用向上键或向下键切换到该画面，显示实际运行速度和实际输出电流值。

5）使用向上键或向下键切换到该画面，显示实际输出电压和实际输出电流值。

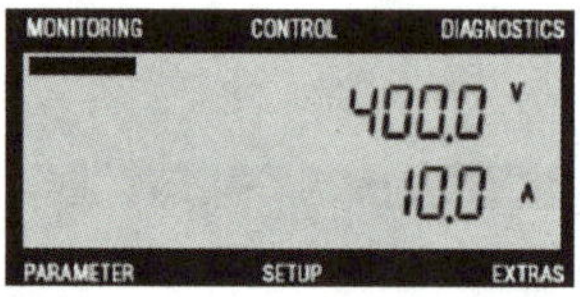

6）使用向上键或向下键切换到该画面，显示实际输出电压和实际输出速度。

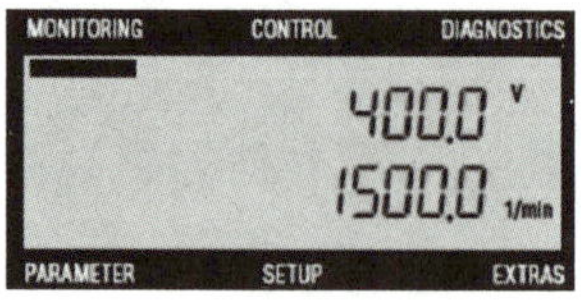

二、电动机的变频控制

1. 案例 1：变频器控制电动机点动运行

在生产中，机械设备的试刀或刀具的调整等，都用到了变频器的点动控制。图 4－10 所示为变频器点动控制电路。

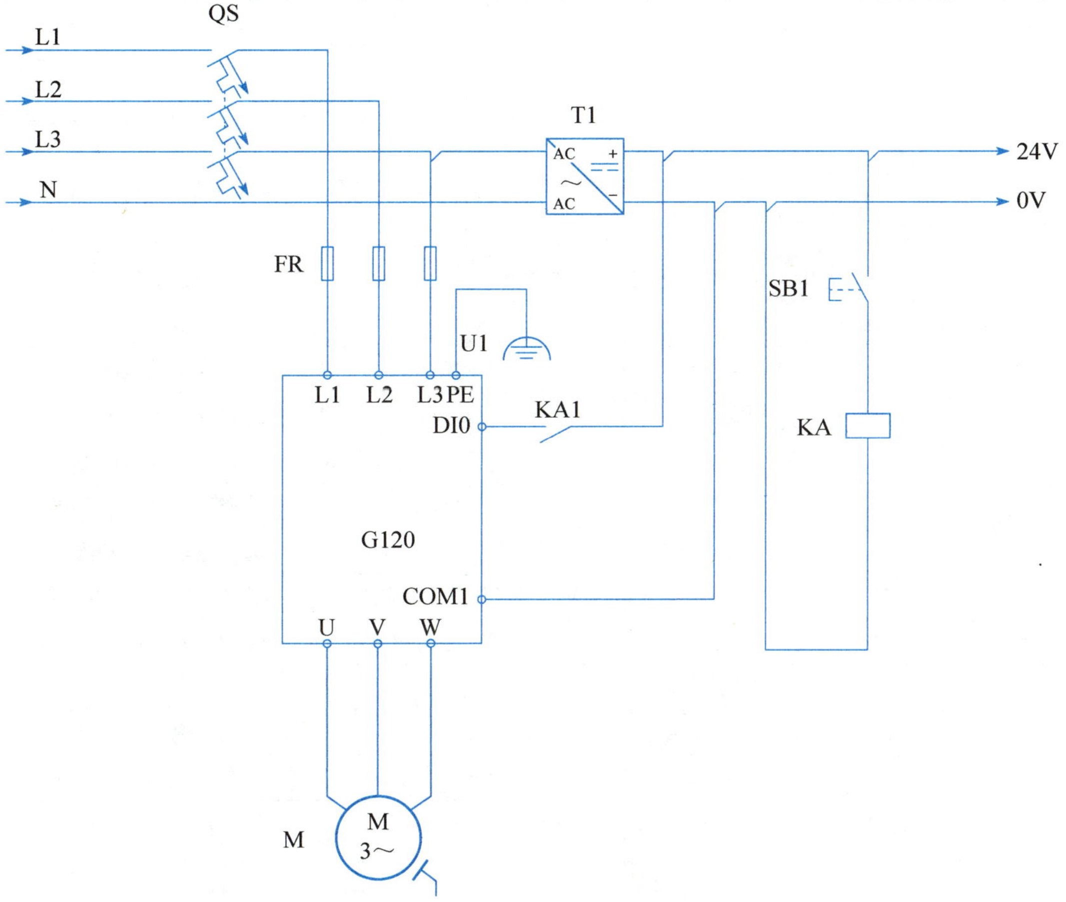

图 4－10　变频器点动控制电路

闭合电源开关 QS，接通交流电源后，可实现如下控制：

（1）电动机的起动。

按下按钮 SB1，中间继电器 KA 线圈通电，KA 常开触点闭合，电动机 M 以 800r/min 的速度点动运行。

（2）电动机的停止。

松开按钮 SB1，中间继电器 KA 线圈断电，KA 常开触点断开，变频器 DI0 输入端断开，电动机 M 停止运行。

（3）参数设置。

表 4－4 所示为点动控制参数功能表，把表中的参数值输入变频器内，宏参数 P15＝1，通过参数 P1001 设定电动机运行速度，可根据实际需求更改数据。

表 4－4　点动控制参数功能表

	参数编号	名称	设置	注释
选择快速调试模式	P96	电动机选择	0 EXPERT（第三方电动机）	选择控制电动机的类型
	P100	电动机标准	0　kW/50Hz	选择区域交流电网频率
	P205	过载能力＝1	1 LOW OVI	想设定输出频率的下限时使用
	P210	输入电压	400V	—
	P300	电动机类型	1 INDUCT（第三方异步电动机）	电动机类型，请查看电动机的铭牌
	—	电动机 87Hz 运行	NO 选择第三方电动机代码	直接按确认键进入下一项
	P304	额定电压	380V	请查看电动机的铭牌
	P305	额定电流	0.2A	请查看电动机的铭牌
	P307	额定功率	0.04kW	请查看电动机的铭牌
	P310	额定频率	50Hz	请查看电动机的铭牌
	P311	额定转速	1 400r/min	请查看电动机的铭牌
	P335	电动机冷却	0 SELF（自然冷却）	选择电动机冷却方式
	P500	应用	0 VEC STD（其他应用）	选择电动机应用的场合
	P1300	控制方式	0 VF LIN（特性曲线 V/f）	选择变频器的控制方式
	P15	宏定义	1	—
	P1080	电动机最小转速	0.0	请查看电动机的铭牌
	P1082	电动机最大转速	1 430r/min	请查看电动机的铭牌
	P1120	电动机加速时间	10s	斜坡上升时间
	P1121	电动机减速时间	10s	斜坡下降时间
	P1135	指令减速时间	0 OFF3 指令的减速时间	从接收到停止信号到停止的时间
	P1900	电动机数据检测	0 OFF（无电机数据测量）	选择电动机的检测方式
	FINISH	设定完成	按确认键选择 YES 保存数据	参数设置完成
选择 PARAMETER 实现参数的修改，选择 EXPERT 标准访问级别	P1001	固定转速	800r/min	点动速度
	P1020（0）	DI0（K1）	r722.0	正转控制
	P971	—	1	保存参数

注：①如果想更改宏参数 P15，需要选择 P15＝1；修改完成后必须选择 P15＝0，否则变频器不运行。
②F07950 警告表示电动机参数错误，检查 P304/P305/P307 是否与电动机铭牌一致。

2. 案例 2：变频器正转连续控制电路

在实际应用中，变频器经常用于控制电动机的正转连续运行。变频器正转连续控制电路可以控制电动机的单向起动和停止，带动生产设备朝着一个方向旋转或运动。图 4－11 所示为变频器正转连续控制电路。

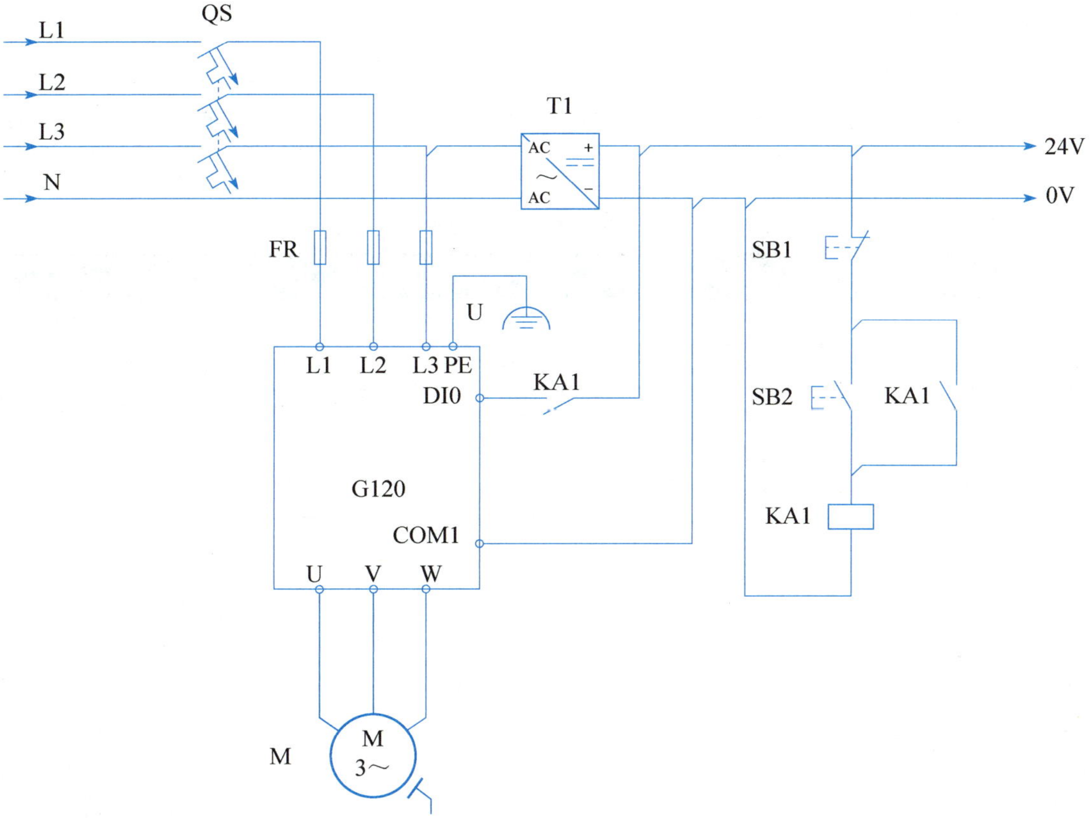

图 4－11 变频器正转连续控制电路

闭合电源开关 QS，接通交流电源后，可实现如下控制：

（1）电动机的起动。

按下按钮SB1 → KA1线圈通电 → 主电路中KA1触点闭合 → 电动机通电运行

KA1线圈通电 → 控制电路KA1常开触点闭合 → 松开SB1 → 控制电路KA1常开触点不断开 → KA1线圈继续通电 → 电动机继续运行

（2）电动机的停止。

按下按钮SB2 → KA1线圈断电 → 主电路KA1触点断开 → 电动机断电停止运行

由上述控制过程可知，正转连续控制电路中，松开起动按钮，中间继电器继续通电，电动机继续运行。用中间继电器的常开触点使其线圈保持连续通电的控制环节称为“自锁”，与起动按钮并联的该常开触点称为自锁触点。可以看出，点动控制与长动控制的区别是控制电路是否有“自锁”功能。

（3）参数设置。

表 4-5 所示为变频器正转连续控制参数功能表，把表中的参数值输入变频器内，宏参数 P15=1，通过参数 P1001 设定电动机正转运行速度，可根据实际需求更改数据。

表 4-5 变频器正转连续控制参数功能表

	参数编号	名称	单位	注释
选择快速调试模式	P96	电动机选择	0 EXPERT（第三方电动机）	选择控制电动机的类型
	P100	电动机标准	0　kW/50Hz	选择区域交流电网频率
	P205	过载能力=1	1 LOW OVI	想设定输出频率的下限时使用
	P210	输入电压	400V	—
	P300	电动机类型	1 INDUCT（第三方异步电动机）	电动机类型，请查看电动机的铭牌
	—	电动机 87Hz 运行	NO 选择第三方电动机代码	直接按确认键进入下一项
	P304	额定电压	380V	请查看电动机的铭牌
	P305	额定电流	0.2A	请查看电动机的铭牌
	P307	额定功率	0.04kW	请查看电动机的铭牌
	P310	额定频率	50Hz	请查看电动机的铭牌
	P311	额定转速	1 400r/min	请查看电动机的铭牌
	P335	电动机冷却	0 SELF（自然冷却）	选择电动机冷却方式
	P500	应用	0 VEC STD（其他应用）	选择电动机应用的场合
	P1300	控制方式	0 VF LIN（特性曲线 V/f）	选择变频器的控制方式
	P15	宏定义	1	—
	P1080	电动机最小转速	0.0	请查看电动机的铭牌
	P1082	电动机最大转速	1 430r/min	请查看电动机的铭牌
	P1120	电动机加速时间	10s	斜坡上升时间
	P1121	电动机减速时间	10s	斜坡下降时间
	P1135	指令减速时间	0 OFF3 指令的减速时间	从接收到停止信号到停止的时间
	P1900	电动机数据检测	0 OFF（无电机数据测量）	选择电动机的检测方式
	FINISH	设定完成	按确认键选择 YES 保存数据	参数设置完成

续表

	参数编号	名称	单位	注释
选择 PARAMETER 实现参数的修改，选择 EXPERT 标准访问级别	P1001	固定转速	800r/min	正转速度
	P1020（0）	DI0（K1）	r722.0	正转控制
	P971		1	保存参数

3. 案例 3：变频器正反转控制电路

如图 4－12 所示，变频器正反转控制电路中采用了两个中间继电器，即正转用的 KA1 和反转用的 KA2，用 KA1 和 KA2 的触点来实现变频器的正反转输入，从而实现电动机的正反转。

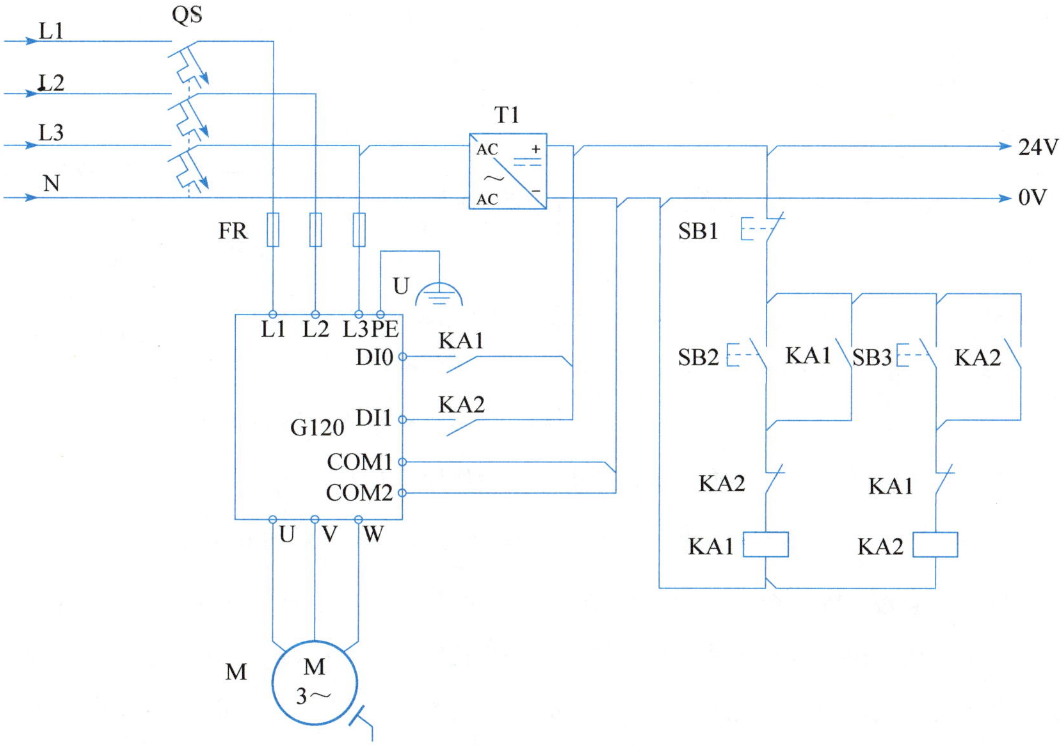

图 4－12　变频器正反转控制电路

正转的工作原理：

按下按钮SB1 ⟶ 中间继电器KA1线圈通电 ⟶ KA1触点闭合 ⟶ 电动机正转

反转的工作原理：

按下按钮SB2 ⟶ 中间继电器KA2线圈通电 ⟶ KA2触点闭合 ⟶ 电动机反转

电动机由正转切换为反转时，必须先按下按钮 SB3，使电动机断电停止，才能按下按钮 SB2 使其反转。

为了避免中间继电器 KA1 和 KA2 同时通电动作（造成短路事故），在正反转控制电路中分别串接了对方的一个常闭触点。这样，当一个中间继电器通电动作时，其常闭触点断开，使另一个中间继电器不能通电动作。这种相互制约的关系称为互锁（或联锁）。实现互锁作用的常闭触点称为互锁触点。

正转的工作原理：

按下按钮SB1 ⟶ KA1线圈通电 ⟶
- KA1自锁触点闭合，形成自锁 } ⟶ 电动机M连续正转
- 主电路KA1触点闭合 }
- KA1互锁触点断开，对KA2互锁

反转的工作原理：

按下按钮SB3 ⟶ KA1线圈断电 ⟶
- KA1自锁触点断开 } ⟶ 电动机M断电停转
- 主电路KA1触点断开 }
- KA1互锁触点恢复闭合，解除对KA2互锁

再按下按钮SB2 ⟶ KA2线圈断电 ⟶
- KA2自锁触点闭合，形成自锁 } ⟶ 电动机M连续反转
- 主电路KA2触点闭合 }
- KA2互锁触点断开，对KA1互锁

无论是正转电路还是反转电路，停止时的动作原理均是：

按下按钮SB3 ⟶ 控制电路断电 ⟶ KA1（或KA2）断开 ⟶ 电动机M断电停转

从以上电路分析可知，正反转控制电路的优点是安全可靠性提高，缺点是操作不便。电动机从正转变为反转时，必须先按下停止按钮后，才能按反转起动按钮，否则由于接触器的互锁作用，虽然保证了不会发生短路事故，但电动机仍然不能实现直接反转。

表 4－6 所示为变频器正反转控制参数功能表，把表中的参数值输入变频器内，宏参数 P15＝1，通过参数 P1001 设定电动机正转运行速度，通过参数 P1002 设定电动机反转运行速度，可根据实际需求更改数据。

表 4-6　变频器正转连续控制参数功能表

	参数编号	名称	单位	注释
选择快速调试模式	P96	电动机选择	0 EXPERT（第三方电动机）	选择控制电动机的类型
	P100	电动机标准	0　kW/50Hz	选择区域交流电网频率
	P205	过载能力=1	1 LOW OVI	想设定输出频率的下限时使用
	P210	输入电压	400V	—
	P300	电动机类型	1 INDUCT（第三方异步电动机）	电动机类型，请查看电动机的铭牌
	—	电动机 87Hz 运行	NO 选择第三方电动机代码	直接按确认键进入下一项
	P304	额定电压	380V	请查看电动机的铭牌
	P305	额定电流	0.2A	请查看电动机的铭牌
	P307	额定功率	0.04kW	请查看电动机的铭牌
	P310	额定频率	50Hz	请查看电动机的铭牌
	P311	额定转速	1 400r/min	请查看电动机的铭牌
	P335	电动机冷却	0 SELF（自然冷却）	选择电动机冷却方式
	P500	应用	0 VEC STD（其他应用）	选择电动机应用的场合
	P1300	控制方式	0 VF LIN（特性曲线 V/f）	选择变频器的控制方式
	P15	宏定义	1	—
	P1080	电动机最小转速	0.0	请查看电动机的铭牌
	P1082	电动机最大转速	1 430r/min	请查看电动机的铭牌
	P1120	电动机加速时间	10s	斜坡上升时间
	P1121	电动机减速时间	10s	斜坡下降时间
	P1135	指令减速时间	0 OFF3 指令的减速时间	从接收到停止信号到停止的时间
	P1900	电动机数据检测	0 OFF（无电机数据测量）	选择电动机的检测方式
	FINISH	设定完成	按确认键选择 YES 保存数据	参数设置完成
选择 PARAMETER 实现参数的修改，选择 EXPERT 标准访问级别	P1001	固定频率	800r/min	正转速度
	P1002	固定频率	600r/min	反转速度
	P1020（0）	DI0(K1)	r722.0	正转控制
	P1021(0)	DI1(K2)	r722.1	反转控制
	P971		1	保存参数

4. 案例 4：变频器多段速度控制电路

在工业生产中，由于生产的要求，许多生产机械需要在不同的转速下运行，如生产线供料、车床主轴变频、龙门刨床主运动等。为满足需求，一般变频器都有多段速度控制功能。

（1）变频器固定频率选择。

G120 变频器可实现多段速度控制，用数字量输入端子 DI1～DI5 组合选择固定频率，如表 4－7 所示，数字量输入端子 DI1 作为电动机起动选择控制。

表 4－7　变频器固定频率组合

K1（运行）	K2	K3	K4	转速（r/min）
0	0	0	0	0
1	0	0	0	100
1	1	0	0	300
1	0	1	0	400
1	0	0	1	500
1	1	1	0	600
1	0	1	1	800
1	1	1	1	1 000

由 P1001～P1007 参数设置的转速正负决定电动机正、反向转动。

（2）变频器多段速度控制电路。

变频器多段速度控制电路如图 4－13 所示。变频器数字量输入端子按二进制规律组合接通时，变频器输出各段不同的速度。

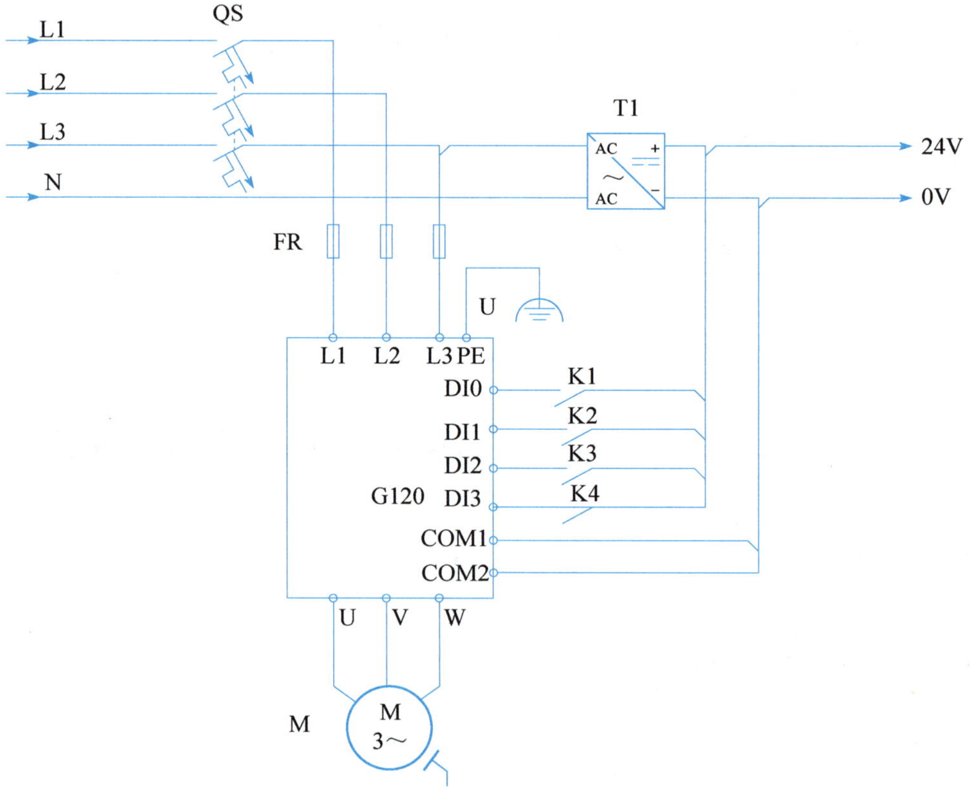

图 4－13　变频器多段速度控制电路

（3）参数设置。

表 4－8 所示为变频器多段速度控制参数功能表，把表中的参数值输入变频器内，宏参数 P15＝3，通过参数 P1001～P1007 设定电动机固定速度，可根据实际需求更改数据。

表 4－8　变频器多段速度控制参数功能表

	参数编号	名称	单位	注释
	P96	电动机选择	0 EXPERT（第三方电动机）	选择控制电动机的类型
	P100	电动机标准	0　kW/50Hz	选择区域交流电网频率
	P205	过载能力＝1	1 LOW OVI	想设定输出频率的下限时使用
	P210	输入电压	400V	—
	P300	电动机类型	1 INDUCT（第三方异步电动机）	电动机类型，请查看电动机的铭牌
	—	电动机 87Hz 运行	NO 选择第三方电动机代码	直接按确认键进入下一项
	P304	额定电压	380V	请查看电动机的铭牌
	P305	额定电流	0.2A	请查看电动机的铭牌
	P307	额定功率	0.04kW	请查看电动机的铭牌
	P310	额定频率	50Hz	请查看电动机的铭牌
选择快速调试模式	P311	额定转速	1 400r/min	请查看电动机的铭牌
	P335	电动机冷却	0 SELF（自然冷却）	选择电动机冷却方式
	P500	应用	0 VEC STD（其他应用）	选择电动机应用的场合
	P1300	控制方式	0 VF LIN（特性曲线 V/f）	选择变频器的控制方式
	P15	宏定义	3	—
	P1080	电动机最小转速	0.0	请查看电动机的铭牌
	P1082	电动机最大转速	1 430r/min	请查看电动机的铭牌
	P1120	电动机加速时间	10s	斜坡上升时间
	P1121	电动机减速时间	10s	斜坡下降时间
	P1135	指令减速时间	0 OFF3 指令的减速时间	从接收到停止信号到停止的时间
	P1900	电动机数据检测	0 OFF（无电机数据测量）	选择电动机的检测方式
	FINISH	设定完成	按确认键选择 YES 保存数据	参数设置完成

续表

	参数编号	名称	单位	注释
选择 PARAMETER 实现参数的修改，选择 EXPERT 标准访问级别	P1001	固定转速	−100r/min	DI0 固定转速
	P1002	固定转速	300r/min	DI1 固定转速
	P1003	固定转速	400r/min	DI2 固定转速
	P1004	固定转速	500r/min	DI3 固定转速
	P1020(0)	DI0(K1)	r722.0	DI0
	P1021(0)	DI0(K2)	r722.1	DI1
	P1022(0)	DI0(K3)	r722.2	DI2
	P1023(0)	DI0(K4)	r722.3	DI3
	P971		1	保存参数

5. 案例 5：外部模拟量电压方式变频调速控制

在水泵控制系统、暖通空调系统及电动交通工具的调速控制中，往往采用外部模拟量方式进行变频调速，模拟信号是连续变化的，能进行平滑调节，避免突变和振荡。变频器通过模拟量输入端（AI0＋、AI0－）外接模拟量（电压或电流）输入信号，并通过调节模拟量信号的大小来调节变频器的输出频率。模拟量可能是单极性或双极性的，模拟量信号种类有：电压信号，以电压大小作为输入信号，电压范围有 0～10V、2～10V、0～±10V、0～5V、1～5V、0～10V、0～±5V 等；电流信号，以电流大小作为输入信号，电流范围有 0～20mA、4～20mA。电压信号具有易于测量和设备互换性强的优点，电流信号具有抗干扰性强和易于长距离传输的优点。

变频器的模拟量输入类型通过拨码开关（DIP 开关）进行设置。如图 4－14 所示，AI（模拟量输入）设置的 DIP 开关有两个方向：向电流（I）方向拨动选择模拟量输入为电流信号，向电压（U）方向拨动选择模拟量输入为电压信号。

图 4－14　模拟量输入的 DIP 开关

变频器模拟量控制，首先需要设置模拟量输入特性曲线（AI 特性曲线），将 AI 设为频率源。如图 4－15 所示，变频器的 AI 特性曲线由四个参数控制，分别为起点控制端（x_1，y_1）和终点控制端（x_2，y_2），对应参数为 x_1＝P757、y_1＝P758[%]、x_2＝P759、y_2＝P760[%]。

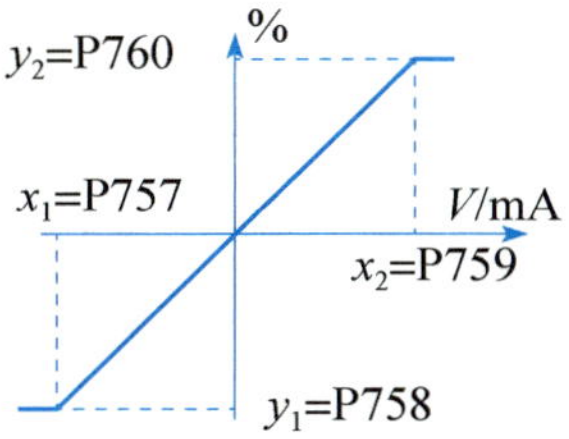

图 4-15　AI 特性曲线

模拟量控制时将模拟量电压或电流根据实际情况进行设置，其中，参数 P2000 为参考频率下的参考转速，P2000 为 1 500r/min，代表输出 100%频率时转速为 1 500r/min，输出频率为 50Hz。P757 标定的 x_1 的电压为 2V，对应的输出频率 P757 输出 y_1 的百分比为 0%，也就是当电压为 2V 时，输出频率为 50Hz 的 0%。P759 标定的 x_2 的电压为 10V，对应的输出频率 P760 输出 y_2 的百分比为 100%，也就是当电压为 10V 时，输出频率为 50Hz 的 100%。

图 4-16 所示为外部模拟量电压方式变频调速控制电路。

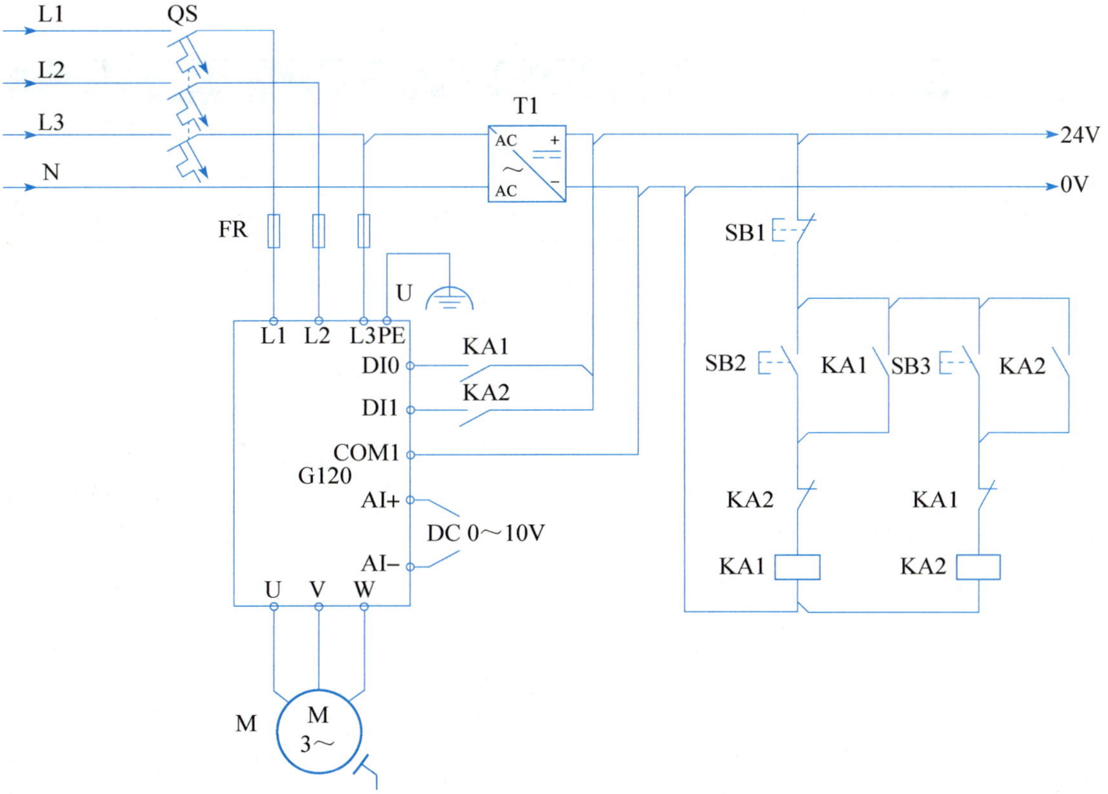

图 4-16　外部模拟量电压方式变频调速控制电路

（1）正转调速控制。

按下按钮 SB2，中间继电器 KA1 线圈通电，主电路 KA1 常开触点闭合，DI0 接通，控制电路 KA1 常开触点闭合，形成自锁，电动机连续正转运行，KA1 常闭触点断开，对反转形成互锁，调整模拟量输入电压（0～10V）的大小，调整电动机正转运行速度。

（2）反转调速控制。

按下按钮 SB3，中间继电器 KA2 线圈通电，主电路 KA2 常开触点闭合，DI1 接通，控制电路 KA2 常开触点闭合，形成自锁，电动机连续反转运行，KA2 常闭触点断开，对正转形成互锁，调整模拟量输入电压（0～10V）的大小，调整电动机反转运行速度。

（3）停止控制。

按下停止按钮 SB1，停止正转和反转。

（4）参数设置。

表 4－9 所示为变频器外部模拟量控制参数功能表，把表中的参数值输入变频器，宏参数 P15＝18，通过参数输入模拟量调整电动机速度，可根据实际需求选择模拟量输入的类型和范围。

表 4－9　变频器外部模拟量控制参数功能表

	参数编号	名称	单位	注释
选择快速调试模式	P96	电动机选择	0 EXPERT（第三方电动机）	选择控制电动机的类型
	P100	电动机标准	0　kW/50Hz	选择区域交流电网频率
	P205	过载能力＝1	1 LOW OVI	想设定输出频率的下限时使用
	P210	输入电压	400V	—
	P300	电动机类型	1 INDUCT （第三方异步电动机）	电动机类型，请查看电动机的铭牌
	—	电动机 87Hz 运行	NO 选择第三方电动机代码	直接按确认键进入下一项
	P304	额定电压	380V	请查看电动机的铭牌
	P305	额定电流	0.2A	请查看电动机的铭牌
	P307	额定功率	0.04kW	请查看电动机的铭牌
	P310	额定频率	50Hz	请查看电动机的铭牌
	P311	额定转速	1 400r/min	请查看电动机的铭牌
	P335	电动机冷却	0 SELF（自然冷却）	选择电动机冷却方式
	P500	应用	0 VEC STD（其他应用）	选择电动机应用的场合
	P1300	选择控制方式	0 VF LIN（特性曲线 V/f）	选择变频器的控制方式
	P15	宏定义	18	选择控制方式

续表

	参数编号	名称	单位	注释
选择快速调试模式	P1080	电动机最小转速	0.0	请查看电动机的铭牌
	P1082	电动机最大转速	1 430r/min	请查看电动机的铭牌
	P1120	电动机加速时间	10s	斜坡上升时间
	P1121	电动机减速时间	10s	斜坡下降时间
	P1135	指令减速时间	0 OFF3 指令的减速时间	从接收到停止信号到停止的时间
	P1900	电动机数据检测	0 OFF（无电动机数据测量）	选择电动机的检测方式
	FINISH	设定完成	按确认键选择 YES 保存数据	参数设置完成
选择PARAMETER实现参数的修改，选择EXPERT标准访问级别	P756	0（电压）	0 单极性电压输入（0～10V）	0～10V 默认
	P757	模拟量输入	0	x_1
	P758	模拟量输入	0	y_1
	P759	模拟量输入	10V	x_2
	P760	模拟量输入	1 500r/min	y_2
必须设置AI的DIP开关，选择电压方向	P756	2（电流）	0 单极性电流输入（0～20mA）	0～20mA 默认
	P757	模拟量输入	4mA	x_1
	P758	模拟量输入	0	y_1
	P759	模拟量输入	20mA	x_2
	P760	模拟量输入	1 500r/min	y_2
必须设置AI的DIP开关，选择电流方向	P1020(0)	DI0(K1)	r722.0	DI0
	P1021(0)	DI0(K2)	r722.1	DI1
	P971		1	保存参数

锲而舍之，朽木不折；
锲而不舍，金石可镂。

任务实施

一、电路安装与调试流程

本任务电路的安装与调试流程如图 4－17 所示。

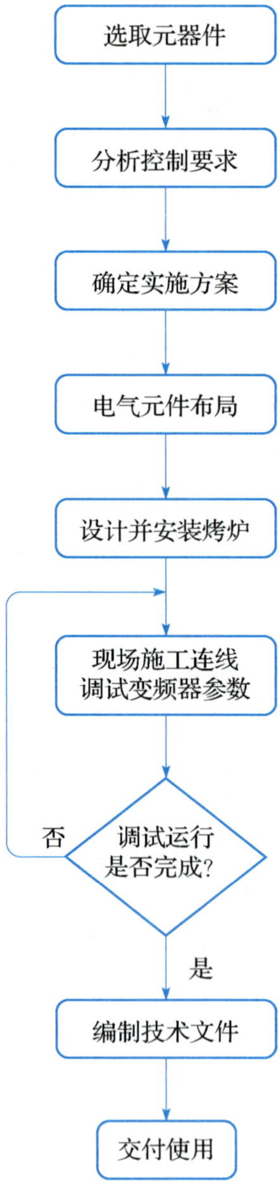

图 4－17　本任务电路的安装与调试流程

1. 器材准备（见表 4－10）

表 4－10　领料清单

序号	名称	单位	数量
1	断路器	个	1
2	熔断器	个	5
3	组合开关	个	1
4	中间继电器	个	2
5	按钮	个	4
6	三相交流异步电动机	台	1
7	导线	根	若干
8	变频器	台	1
9	万用表	个	1
10	一字螺丝刀	把	1
11	十字螺丝刀	把	1
12	剥线钳	把	1
13	尖嘴钳	把	1
14	斜口钳	把	1
15	验电笔	支	1

2. 选择与检测电路元器件

（1）识读电气原理图，选择所需的低压电气元件、变频器，记录其型号、规格、数量。逐个检验电气元件的规格和质量是否合格，填写表 4－11。

表 4－11　电气元件记录表

元件名称	图形符号	型号	额定电压	额定电流	主要作用	检测情况

（2）正确选配导线的规格和数量、接线板型号等。

（3）把检测好的器材整齐地放在工作台上。

3. 布置元器件

（1）首先画出元器件布置图，按图在接线板上安装电气元件。

（2）按电气原理图接线。

4. 完成参数设置

按照表 4－12 完成变频器参数设置。

表 4－12　变频器参数功能表

	参数编号	名称	单位	注释
选择快速调试模式	P96	电动机选择	0 EXPERT（第三方电动机）	选型控制电动机的类型
	P100	电动机标准	0　kW/50Hz	选择区域交流电网频率
	P205	过载能力＝1	1 LOW OVI	想设定输出频率的下限时使用
	P210	输入电压	400V	—
	P300	电动机类型	1 INDUCT（第三方异步电动机）	电动机类型，请查看电动机的铭牌
	—	电动机 87Hz 运行	NO 选择第三方电动机代码	直接按确认键进入下一项
	P304	额定电压	380V	请查看电动机的铭牌
	P305	额定电流	0.2A	请查看电动机的铭牌
	P307	额定功率	0.04kW	请查看电动机的铭牌
	P310	额定频率	50Hz	请查看电动机的铭牌
	P311	额定转速	1400r/min	请查看电动机的铭牌
	P335	电动机冷却	0 SELF（自然冷却）	选择电动机冷却方式
	P500	应用	0 VEC STD（其他应用）	选择电动机应用的场合
	P1300	控制方式	0 VF LIN（特性曲线 V/f）	选择变频器的控制方式
	P15	宏定义	3	—
	P1080	电动机最小转速	0.0	请查看电动机的铭牌
	P1082	电动机最大转速	1 430r/min	请查看电动机的铭牌
	P1120	电动机加速时间	10s	斜坡上升时间
	P1121	电动机减速时间	10s	斜坡下降时间
	P1135	指令减速时间	0 OFF3 指令的减速时间	从接收到停止信号到停止的时间
	P1900	电动机数据检测	0 OFF（无电动机数据测量）	选择电动机的检测方式
	FINISH	设定完成	按确认键选择 YES 保存数据	参数设置完成

续表

	参数编号	名称	单位	注释
选择 PARAMETER 实现参数的修改，选择 EXPERT 标准访问级别	P1001	固定频率	100r/min	DI0 固定频率
	P1002	固定频率	100r/min	DI1 固定频率
	P1020 (0)		r722.0	DI0(K.5)
	P1021(0)		r722.1	DI1(K.6)

5. 通电前检查

在通电运行前，应做好通电前检查，测量各点通断情况。若发现异常，则逐级检查元器件或导线，及时排除故障。

6. 通电调试

通电调试，填写表 4－13。

表 4－13　电路中出现的故障

故障现象	产生原因	处理方法

7. 断电

完成后，应先切断电动机的三相交流电源，然后整理现场。

二、检验评估

检验评估表见表 4-14。

表 4-14 检验评估表

序号	检验项目	内容	是否合格
1	安全文明生产	1. 断电或带电作业	合格（ ）/不合格（ ）
		2. 劳保用品穿戴整齐	合格（ ）/不合格（ ）
		3. 电工工具准备齐全	合格（ ）/不合格（ ）
		4. 遵守操作规程	合格（ ）/不合格（ ）
		5. 清理现场	合格（ ）/不合格（ ）
2	元器件安装	1. 元器件的质量检查	合格（ ）/不合格（ ）
		2. 正确利用工具和仪表	合格（ ）/不合格（ ）
		3. 熟练地安装电气元件	合格（ ）/不合格（ ）
		4. 元器件在接线板上布置要合理，安装要准确、紧固	合格（ ）/不合格（ ）
3	线路敷设	1. 按图安装接线	合格（ ）/不合格（ ）
		2. 线路敷设整齐、横平竖直、不交叉、不跨接	合格（ ）/不合格（ ）
		3. 导线压接紧固、规范，不伤线芯	合格（ ）/不合格（ ）
4	通电试车	1. 正确设置变频器参数	合格（ ）/不合格（ ）
		2. 正确选配熔体	合格（ ）/不合格（ ）
		3. 通电成功	合格（ ）/不合格（ ）

参考文献

[1] 张艳. 电气控制与 PLC 技术：西门子 S7－200［M］. 北京：科学出版社，2015.

[2] 胡幸鸣. 电机及拖动基础［M］. 5 版. 北京：机械工业出版社，2024.

[3] 侍寿永，夏玉红. 电气控制与 PLC 应用技术：S7－1200［M］. 北京：机械工业出版社，2022.

图书在版编目（CIP）数据

电气安装与控制技术 / 赵媛媛，郭三刺主编. 北京 ：中国人民大学出版社，2025.6. --（新编 21 世纪高等职业教育精品教材）. -- ISBN 978-7-300-34031-9

Ⅰ. TM05；TM921. 5

中国国家版本馆 CIP 数据核字第 2025JC3328 号

新编 21 世纪高等职业教育精品教材·装备制造类

电气安装与控制技术

主　编　赵媛媛　郭三刺

副主编　户佩佩　王庆平　王　胜

参　编　魏建光　李影江

Dianqi Anzhuang yu Kongzhi Jishu

出版发行	中国人民大学出版社		
社　　址	北京中关村大街 31 号	**邮政编码**	100080
电　　话	010－62511242（总编室）		010－62511770（质管部）
	010－82501766（邮购部）		010－62514148（门市部）
	010－62511173（发行公司）		010－62515275（盗版举报）
网　　址	http://www.crup.com.cn		
经　　销	新华书店		
印　　刷	中煤（北京）印务有限公司		
开　　本	787 mm×1092 mm　1/16	**版　　次**	2025 年 6 月第 1 版
印　　张	10.25	**印　　次**	2025 年 6 月第 1 次印刷
字　　数	182 000	**定　　价**	43.00 元
